U0273386

好酒地理

云酒传媒◎著

企业管理出版社

EMPH ENTERPRISE MANAGEMENT PUBLISHING HOUSE

图书在版编目（ＣＩＰ）数据

好酒地理 / 云酒传媒著 . -- 北京 ：企业管理出版
社，2022.12

ISBN 978-7-5164-2662-3

Ⅰ．①好… Ⅱ．①云… Ⅲ．①酒文化－中国 Ⅳ．
① TS971.22

中国版本图书馆 CIP 数据核字 (2022) 第 129151 号

书　　名：	好酒地理	
书　　号：	ISBN 978-7-5164-2662-3	
作　　者：	云酒传媒	
选题策划：	周灵均	
责任编辑：	张　羿　周灵均	
出版发行：	企业管理出版社	
经　　销：	新华书店	
地　　址：	北京市海淀区紫竹院南路 17 号	邮　　编：100048
网　　址：	http://www.emph.cn	电子信箱：26814134@qq.com
电　　话：	编辑部（010）68456991	发行部（010）68701816
印　　刷：	北京博海升彩色印刷有限公司	
版　　次：	2022 年 12 月第 1 版	
印　　次：	2022 年 12 月第 1 次印刷	
开　　本：	710mm×1000mm　　1/16	
印　　张：	17.5	
字　　数：	190 千字	
定　　价：	138.00 元	

常言道："一方水土养一方人，一方水土出一方美酒。"

中华大地的版图上，地理与美酒有着天然的联系。一方面是好酒依赖产区，依赖特定产区的自然与地理中独特的酿造生态环境，从物质角度决定了好山好水出好酒的科学规律；另一方面，产区又是特定自然环境中明确地理位置上产出的好酒的表达符号，是酒特征和品质的表达与传递。

赤水河流域独特的地理条件下的自然环境，孕育出酱香型白酒幽雅的芬芳，也成就了茅台优质酱酒的代表；长江上游宜宾产区的长江之源，构成了五粮液浓香型白酒的细腻陈香，成为经典浓香酒的代表；黄淮产区温润的湿地气候，又催生了洋河的绵柔之风……

究其原因有三。

其一，中国酒自然酿造的过程遵循"天人合一、道法自然"的生态酿造的法制。"天"就是特定地理决定的环境大生态，包括地域环境下的特定气候、日照、水质以及所有环境中的生物（植物和微生物）。"人"就是在特定地理生态环境中，长期酿造形成的酿造好酒的工艺规则。天、地和人的结合，从自然的力量酿造出了琼浆玉液，演变出丰富人们生活的精神力量。

其二，中国的酒是最依赖自然和地理的酒，尤其是好酒。好酒更是聚集了地理中自然酿造的要素，延展出"好酒不仅是酿造出来的，也是种植出来的，更是存放出来的"基本逻辑和缘由。酿造发酵离不开独特地域自然环境，决定好酒品质的要素正是这种自然环境中的微生物群体；好酒又离不开好粮，更离不开独特的存储方式，有的甚至是自然洞穴。

　　其三，酒是人类与自然联系的枢纽之一。如果把时间作为横坐标，空间作为纵坐标，地理上的好酒就是坐标形成的交叉点。正可谓：物华天宝，天地精华。从地理的维度上去看，地理与地理上的造物者——人及人文精神也大放异彩。从地理与好酒到酿造好酒的工匠精神与探索微生物生命科学精神的结合，从地理与酒历史的起源到地理与文化、艺术的融合，从世界著名酒产区、产业、产品到酿造的原料与大曲、酿造与蒸馏、储存与勾调工序，诠释了自然与人文、好酒与文化及精神的内涵。

　　从川南黔北到江南的地域之美，从一颗高粱到古窖池群和老酒海的酿造元素之美，从酒坛到包装品质的表达之美，从传统酿造的自然之道到酿酒科学家探索的峥嵘岁月，《好酒地理》十二个单元正是从好酒的酿造法制、好酒的构成元素以及好酒的时空纬度诠释了好酒地理局的内涵，尽显出地理的多样性造就的自然的多样性、生态的多样性、好酒的多样性与好酒品质之美的内在逻辑关联；同时，也充分证明和体现出中国酒既是物质又是文化和精神的属性，既传承守正又创新发展的方式，既国内循环又面向国际化的高质量发展趋势和格局。

徐岩

江南大学教授、著名白酒专家

2022 年 6 月

揭示好酒的地理奥秘

　　"好酒地理局"是关注酒与特定的地域关联的公众号，现在要精选其中的好文章汇集成书，这是一件大好事。好就好在这些文章更深入地揭示了好酒与特定地域之间的关联，让人受到启发，也深化了人们对于酒的认知。看这些文章，人们能更深地理解好酒与其背后风土的关联，认识好酒的来历和一方水土有着天然的联系，这就让人们可以更好地理解好酒的价值和意义。

　　从地域看酒，可以看到地域与酿酒的关系。地域的季候、物产、土地都是酿酒过程中的重要因素。每一种美酒其实都和它的原产地有莫大的关联。酒的风格特色、形态品味、传统积淀无一不深深打上了地域的烙印。美酒正是由于有了它原产地的自然条件和人文环境的机缘，以及一代代的积淀传承，才得以产生和发展。地理环境正是美酒出产的必要条件。

　　丹纳的《艺术哲学》指出，地理环境是艺术风格形成的重要因素，对于艺术这种想象世界的方式来说，地理有着重要的意义。酒是大自然"人化"最直接的创造，自然界的谷物和果品等通过本地的水和环境中种种要素的多方面组合，通过人的智慧和努力酿造成酒，更是和它的地理环境紧密相依。现在人们所重视的原产地观念，就是这样的结果。酒的香型和风格等要素无不深深地打上了地域文化的烙印。好酒一定要在它的原产地制造才能保证它的美妙。可以说，独特的地理环境造就了好酒，而好酒也让特定的地域得到了美好的展现。

唐人陆龟蒙有一首《酒乡》诗，很好地展现了地域与美酒的关联："谁知此中路，暗出虚无际。广莫是邻封，华胥为附丽。三杯闻古乐，伯雅逢遗裔。自尔等荣枯，何劳问玄弟。"酒乡酿造好酒，好酒让酒乡获得了独到的意义，在酒乡所欣赏的好酒则让生命得到了超越。诗人直观的发现其实也得到了今天的好酒地理局的应和。

酒让特定地域获得了不同的意义，地域成就好酒，好酒植根地域。这就是好酒的原产地的价值，也是好酒和产地之间关系的最好诠释。大自然赋予了人们酿造美酒的地理条件，发现这些条件的人则成就了好酒。人类的创造是和地理环境相依存的，美酒就是这样的状况的最佳证明。我们可以看到，无论是赤水河流域还是淮河流域特定的产好酒的地带，或是散布在中国大地的各个地域的好酒，其实都植根于自己的土地、植根于自身的环境，中国酒的灿烂星空正是在中国大地上得到了最好的展现。

好酒地理局把原产地的价值和好酒的价值加以凸显，让地域的自然和人文环境与美酒的关联得到了更多的发掘和阐释，这些文章自有其独到的价值和意义，值得人们细读；好酒地理局作为对于好酒的地理背景的最集中的展现，更是提升了人们对于好酒与地域关系的认识，让朦胧的认知和初步的探讨得到了深化的契机。

我们可以从这里进入好酒的地理世界。

是为序。

张颐武

北京大学教授、著名文化学者

2022 年 6 月

序 3

酒是富有的象征

酒是粮食的精华。好酒的酿造需要地理环境和多样的技术为支撑。粮食、地理和技术成为好酒酿造的关键词。本书各个单元的内容不但体现了这三个关键词，还将中国的古老酒业推向现代产业链的发展维度。各单元内容都有精华，作为一个读者，列出了我的心得。

从白山黑水季风边缘带上的成片高粱到川南黔北山间梯田上的红高粱，前者出产于东亚季风与西风带交汇的地方，那里雨水充沛、植被茂盛，是亿万年来土壤中沉淀深厚黑色微生物腐殖质的条件。后者的糯红高粱地块，犹如银河系中点缀的繁星，种植于北回归线以北温湿内陆季风区的红缨子高粱是那片天地间大自然的结晶。

从西北美酒诞生的海子温床到四川浓香，前者属于传统，而后者是传统与现代的结合。每一次酿造如得一味，那么多次酿造聚合到海子中就成了百味美酒，再经陈年储藏在多海子共存的封闭宇宙中，精华分子在海子间的长期漫游与串联，就成了千滋美酒。古老窖池发酵与现代勾兑的结合让酒分子得到了宏观运动，又得到了微观运动，这可能是浓香酒的本源。

从数字科学到地理几何学，前者是富有象征的精算表达，后者是产业链的空间延伸。酒是粮食、环境、技术、文化富有的象征，江南大学是把这些富有定量地转化成了富有风味的美酒。在几何学上，三角形是最稳固的，白沙是泸州、宜宾与茅台三角形上不可或缺的一个支点，这个支点上产出的不仅仅是名酒中的江小白，还形成了一条龙的产业链。那里年轻人的激情把大山激活了。

从天然的赤水到人工的古运河，位于河道旁的城镇千年不衰。赤水河先是向东流，到达茅台镇时形成了一个臂弯，随后就转向西北流到合江入长江。臂弯是大水始祖的地方，必然是名酒之故乡。一个千年土城就位于臂弯与合江的中间，显然与美酒河脱不开干系。酒是天地间物质运动的精华结晶，也是人类文明的地域集成体现。位于隋唐通济渠中间的淮北濉溪，就存留了华夏古代文明的遗迹，那里的多样性窖池是兼香型名酒的古代遗存。

焉耆位于丝绸之路上的天山南麓与开都河、博斯腾湖之间，山脉阻挡寒流，是以天山雪水与河流湖泊为水源的风水平坦宝地。在那里，葡萄园与酒庄成为开拓者的人间天堂。

从内部的品牌设计到向外的包装形象，浓缩了开发者的智慧与辛劳。酒是资源富有的集聚和粮食精华的提炼；而品牌设计和包装形象是把精神浓缩于精华之中，所以，它能增值酒的内涵，提升地方名酒的文化水准，更能让中国哲学理念融入酒中，并彰显时代的发展。

俗语道："舍不得孩子套不住狼。"舍得酒业、舍得成本，套住的不仅仅是看得到的绿色，其实套住的是更有价值的酿造微生物。舍得人是把微生物当作宝贝孩子那样，为其营造了一个备受呵护的大环境；而优质陶土与制作工艺集合形成的陶坛，不但是现代盛酒价廉物美的容器，也为酒的氧化还原和各种微生物交换提供了分子微循环的环境。

可见，酒是富有的象征。酒又让人们的精神更富有，心胸更开阔，创造更辉煌。

钱维宏

北京大学教授、大气科学与地球物理科普人

2022 年 6 月于北京燕园

目录

东北：黑土地上的酿酒高粱命脉

目前东北三省一区所产高粱在全国高粱总产中占比高达 70% 左右，且基本都是供应外省。立足于整个白酒产业的酿酒高粱供应，最大的承重和增长空间其实是在东北。

黑龙江是全世界最长的一条界河，犹如巨龙般蜿蜒于我国东北和远东一带的广袤大地上。

由于一段历史的伤痕，这条流域面积比长江和黄河都要宽广的大河，在我国并未受到太多关注，却丝毫没有减少它对人类的慷慨。

对于"黑龙江"这个名字，人们似乎更熟悉它作为一个省级行政区域，而它作为一条河流，跨越国界、民族乃至时间，孕育了东北平原的富饶和辽阔。

从地图上看，黑龙江流经中国、俄罗斯和蒙古三国，包括松花江、额木尔河、呼玛河等大大小小约200条支流遍布我国东北三省一区。江河汇流之处，泥沙沉积，排水不畅，由此形成大片积水区，经过时间的沉淀，进而成为湿地和沼泽。

由于东北气温普遍偏低，入冬较早，漫长的冬季使土壤中的微生物活动受到抑制，有机质分解缓慢，并转化成大量腐殖质积累于土体上层，最深可达1米，由此形成地球上最珍贵的土壤资源。

我国东北平原和乌克兰平原、美国密西西比河平原是世界上仅有的三大黑土区，在我国主要以弯月状分布于黑龙江、吉林、辽宁和内蒙古东部地区。

　　这种富含腐殖质的黑色或暗黑色土壤，每形成1厘米厚度需要经历200～400年，其土壤中有机质的含量是黄土的10倍。

　　对于千百年来早已习惯与贫瘠干旱共存的高粱来说，东北广阔的平原和肥沃的土质，几乎就是人间天堂。生长在这里的高粱，也如这片黑土地一般，被赋予了更多的意义。

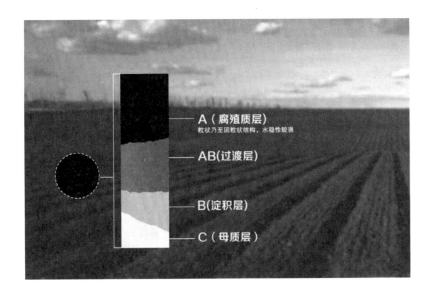

A（腐殖质层）
粒状乃至团粒状结构，水稳性较强

AB（过渡层）

B（淀积层）

C（母质层）

昔日青纱帐

"稍稍熟悉北方情形的人，当然知道这三个字——青纱帐。"

"北方有的是遍野的高粱，亦即所谓秫秫，每到夏季，正是它们茂生的时季。身个儿高，叶子长大，不到晒米的日子，早已在其中可以藏住人，不比麦子豆类隐蔽不住东西。"

"高粱米在东北几省中是一般家庭的普通食物，东北人在别的地方住久了，仍然还很欢喜吃高粱米煮饭。除那几省外，在北方也是农民的主要食物，可以糊成饼子，摊作煎饼，而最大的用处是制造白干酒的原料，所以白干酒也叫作高粱酒。"

这几段文字是现代作家王统照在1933年所写。王统照是山东诸城人，1931年曾赴东北短期教书并游历。从他的描述中可以看出，当时高粱是包括东北在内的北方地区极为普遍的一种作物。

在许多涉及东北的文学或艺术作品中，高粱都是一个重要的表现物，甚至成为东北地方文化的一种象征。

关于高粱与东北的渊源，尽管也有一些早期的考古或文献记载，但能够形成青纱帐的规模种植，则集中于清末以来。

清末之前的东北地区，虽然耕地资源丰富，但作为满族的"龙兴之地"，在长达 200 年的时间里一直处于封禁状态。加之气候寒冷、人口稀少，本地常住居民又多以牧业和渔猎为生，农业生产相对落后，基本停留在刀耕火种的原始状态。

直到 1860 年东北解禁，大量关内移民迁入东北，带来新的生产技术和工具，这片广袤大地才得以规模性开发。到清末时期，关内先进的休耕轮作法、施肥耕种在东北地区已经普遍运用。

数据显示，从 1887 年到 1927 年的 40 年间，东北三省的耕地面积从 3 007 万余亩增长到 1.7 亿余亩。到 1930 年，三省耕地已达 2.06 亿亩。

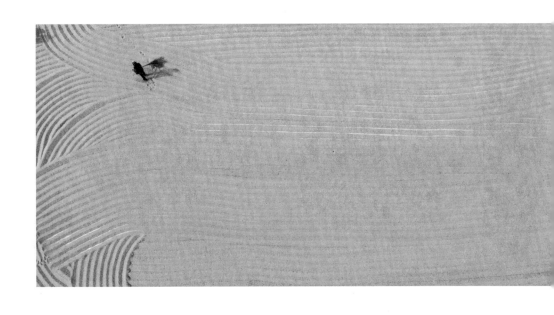

耕地面积的增长，加上土地肥沃和先进的耕作技术，使得东北逐渐成为我国重要的粮食生产地和商品粮基地。

由于最初的移民大多来自北方地区的山东、河北，在东北便形成以高粱等北方作物为主的农业种植结构。

一份来自1921年的调查显示，在东北南部农民粮食消费结构中，高粱占52.7%，谷子占24.7%，大豆占4.1%，玉米占9%，其他占9.5%。与之相对应，在奉天（沈阳市旧称）以南地区粮食的种植结构

比例为：高粱占46.29%，大豆占14.81%，谷子占16.66%，玉米占22.24%。

到1931年"九一八"事变爆发之前，东北大豆、高粱、玉米、谷子四大农产品产量已达到1 500万吨左右，其中高粱约477万吨。

此时在东北大地上，已经是漫山遍野的大豆、高粱；而从全国情况来看，这一时期在我国北方的河北、山东、河南等地，高粱在粮食作物结构中也处于重要位置。

根据1917年《第六次农商统

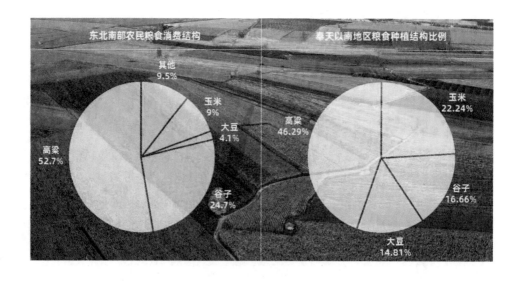

▲高士杰

计表》显示，当时在河北省作物产量结构中占前五位的粮食作物依次是高粱、小米、小麦、玉米和其他麦类；山东省依次是高粱、小米、小麦、大豆和玉米；河南省依次是小麦、高粱、大麦、其他豆类及玉米。

在高粱生产高峰的1918年，全国高粱种植面积曾创纪录地达到2.21亿亩，约占全国耕地面积的26%。1952年时，全国高粱种植面积也有1.4亿亩。一直到20世纪70年代以前，高粱始终是北方人民的主要粮食作物。

迷失的方向

作为一种抗旱、耐涝、耐盐碱、耐瘠薄的高产作物，高粱在物资并不丰富的年代里，曾经是为数亿人提供口粮的"生命之谷"。

随着我国农业生产条件的改善和人们生活水平的提高，玉米、水稻等在水肥条件较好的情况下产量更高、口感更好的作物逐步成为人们的主粮，昔日漫山遍野的青纱帐，则渐渐退到了土地的边缘。

1981年，当25岁的高士杰来到中国农业科学院研究生院，成为中国第一批高粱硕士时，高粱在学院里还是单独的一门学科。那时在北方的大地上，尽管高粱种植面积已经大幅减少，但依然是一种重要的粮食作物。

不过，很快高粱便走到了命运的转折点。

自20世纪80年代以来，在"不与粮争地，不与民争粮"的原则下，高粱种植逐渐退居二线，开始从条件较好的平肥地，转向一些种植水稻、小麦、玉米等不能保收的干旱、半干旱、盐碱、瘠薄地区。

最主要的原因是老百姓不吃了。

当时北方民间流传着一句俗语："净杂谷净杂谷，又难吃又难煮。"由于高粱籽粒中含有单宁，涩味明显，作为粮食吃起来口感并不好。当老百姓有大米、面粉等其他选择时，自然也就放弃了高粱。

到1988年，全国高粱种植面积已减少到2 675万亩（178.3万公顷）。

此时，研究生毕业后就进入吉林省农业科学院作物育种研究所工作的高士杰，已逐渐意识到食用高粱正在走向末路，那高粱未来的出路在哪里？

高士杰发现，只有酿酒高粱这一条路可走了。

这个结论缘于3年前他对东北酿酒高粱做过的一次调研，当时去过几家酒厂，"洮南香用粮是5 000吨，榆树大曲是1万吨"。作为酿造白酒的主要原料，酒厂对酿酒高粱的需求让他看到了新的方向。

从1990年开始，高士杰正式将研究转向酿酒高粱。

此时在白酒行业，随着市场经济的发展，各地兴办酒厂的热情日益高涨，"当好县长，办好酒厂"成为潮流，白酒产量逐步扩大。从 1990—1996 年，白酒产量从 513.91 万千升，一路增至 801.33 万千升。

之后历经几次起伏，白酒产量最低在 2004 年，仅为 311.68 万千升，最高在 2016 年，达到 1 358.4 万千升（后经数据调整，实际应有所降低）。近年来，白酒行业逐步进入存量饱和阶段，产量增长有限，或呈现一定幅度下降。到 2019 年，全国白酒产量约为 785.9 万千升。

再从国内高粱市场来看，截至 2020 年，份额最大的就是粒用高粱，包括食用高粱、酿造用高粱、饲料用高粱等，占比高达 80% 以上；其次分别是工艺类高粱、甜高粱和饲草高粱。

在粒用高粱中，食用、饲用高粱与酿造高粱的区别主要在于单宁含量较低。目前食用高粱所占份额已经很小，饲用高粱也基本上通过国外进口，国内所生产高粱的最主要用途就是满足酿酒需求。

有数据统计，每年白酒行业对酿酒高粱的需求量在 250 万～

280 万吨。如果按照白酒 2019 年 785.9 万千升的产量，以名优白酒占产量 40% 估算，所需高粱至少在 600 万吨以上，而我国高粱近年来产量基本上在 220 万～290 万吨之间浮动，再扣除高粱其他用途所占的消耗，实际上酿酒高粱的供需之间已长期处于紧张状态。

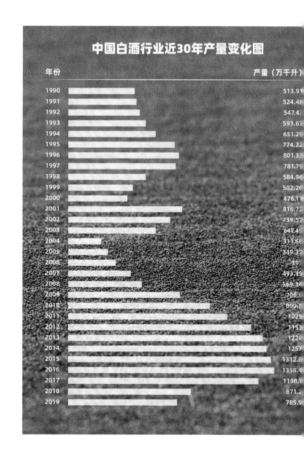

中国白酒行业近30年产量变化图

东北：黑土地上的酿酒高粱命脉 9

由此，白酒行业除酒水市场竞争之外，在上游原料环节的争夺战早已悄然打响。

其中，东北成为重要的"战场"。

北粮南运

数据显示，2016—2018 年我国高粱总产量分别为 223.4 万吨、246.5 万吨和 290.9 万吨，呈现连续增长态势。

2016—2018 年全国高粱产量及种植面积排名前 6 位省区

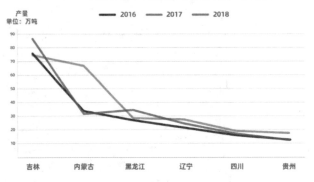

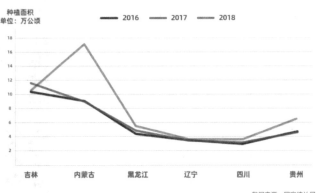

数据来源：国家统计局

其中排名前 6 位的省区，基本上分为两大区域：东北和川黔。

在高士杰看来，四川和贵州是近年来成长快速的高粱种植省份。作为茅台、五粮液、泸州老窖、郎酒等名酒聚集的白酒重要产区，酒企对酿酒高粱特别是本地糯红高粱的需求直接带动了两省的高粱种植，并形成我国西南优质酿酒糯高粱优势区域。

从种植面积来看，贵州在2016 年和 2018 年甚至两度超过黑龙江和辽宁，位列全国第三，但由于贵州以山地居多，种植品种又多为地方传统品种，亩产相对较低，因此总产量不及其他五省。

实际包括四川在内，整个西南地区均以丘陵、山地为主，并不适宜发展大规模的农业生产，且人工成本较高，对高粱的收购价也偏高。

本地高粱又多为糯红高粱，主要是满足酱酒生产工艺。因此，西南地区所产高粱基本上都是直接供应本地名酒企业。随着川黔名酒近年来产量的增加，这种供需关系也日趋紧张。

立足于整个白酒产业的酿酒高粱供应，最大的承重和增长空间其实是在东北。

目前东北三省一区所产高粱在全国高粱总产中占比高达 70% 左右，且本地酿酒业对高粱的需求较小，基本上都是供应外省。东北广袤的平原和相对较高的农业机械化水平，也为酿酒高粱的规模化种植提供了基础。

吉林大川农业是东北高粱的供应大户，现有高粱种植面积 32万亩，年供应量 20 万吨左右。

大川农业的董事长闫玉光告诉我们，大川农业的高粱基地主要分布在吉林四平、松原、白城，黑龙江三肇一带（肇源、肇东、肇州），辽宁阜新和内蒙古赤峰一带，基本上涵盖了东北三省一区的高粱主产地。

在全国高粱产业中，像大川农业这种规模的供应商并不多。因为高粱属于小品种杂粮，不同于水稻、玉米、小麦、大豆等国家战略储备品种，国家性补贴扶持力度不大，种植经营以散户居多，受市场价格波动影响明显，在酿酒高粱的

供应上存在较大的不稳定性。

基于这种现状，白酒企业在选择原粮供应商时，通常很看重对方的规模和名气。目前与大川农业建立合作的酒企包括汾酒、衡水老白干、金东集团等，其中

汾酒的采购量约占大川农业高粱总供应量的60%。此外，五粮液也通过中粮集团在东北拥有2万亩高粱基地。

除酒厂北上在东北建设基地或进行订单采购外，大量的东北高粱也纷纷南下。

地处东北高粱主产区与南方酿酒主产区中心点的河北黄骅，素

有"中国高粱集散地"之称。该市有12～15家高粱贸易企业，年销售量在30万～40万吨，占国内高粱产量的10%以上。

位于四川成都的新都粮食批发市场也是国内主要的高粱集散中心之一。据不完全统计，该市场内高粱年销售规模也在30万～40万吨。

尽管"北粮南运"在一定程度

上调节了国内高粱的供需两端，但相较于白酒产业的整体需求，国内高粱供应仍存在较大缺口。未来随着白酒产能不断扶优限劣，高粱供应这根红线还将进一步收紧。

立足于长远来看，谁掌握了高粱几乎就握住了白酒行业的命脉。

暗战红高粱

作为国内高粱供应大户之一，大川农业从当前酿酒高粱的供需矛盾中看到了巨大的空间。

大川农业以往的基地运作，主要是采取"酒厂＋基地合作方（大川农业）＋农业合作社＋农户"的订单模式，但从2019年开始，大川农业决定自己来种高粱。

2020年7月28日，当我们来到位于白城通榆的大川农业自种基地时，基地负责人程国兴告诉我们，当地已有半个月没下雨，附近的社员井已经抽不出水来，有社员种的苞米叶子甚至一点就能着。然而，我们看到眼前的这片高粱地，仍郁郁葱葱。

程国兴说，这是采用了一种叫浅埋滴灌的种植方式，就是在地表土壤中浅埋一条滴灌带，通过6台电机井24小时取水滴灌，随时给高粱补充水和肥料。通过这种方式，只要不遇上大灾，正常高粱亩产能达到1 000 ~ 1 200斤，容重760g/L左右。

在高粱收购中，容重是一个重要指标，容重大意味着淀粉含量高，出酒率也就高。酒企对容重的要求一般是720g/L以上，汾酒业要求是740g/L以上。因此大川农业在收购高粱时，以容重740g/L为标准分为两档，740g/L以上的收购价会高于740g/L以下。对农户来说，容重越大则意味着在同样产量下，收益越高。

由于产量大、容重高，尽管大川农业的自种基地还处于试种阶段，周边已经有不少社员过来打听，或者直接效仿。

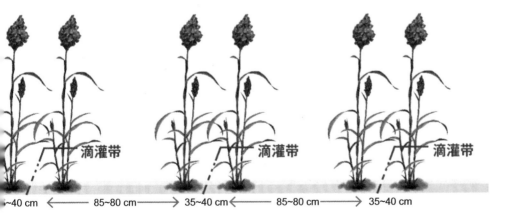

~40 cm ← 85~80 cm → 35~40 cm ← 85~80 cm → 35~40 cm

闫玉光曾和高士杰探讨过这种膜下滴灌的方式。作为国家高粱产业技术体系岗位科学家，高士杰在39年的高粱研究生涯中曾选育出多个优良品种。由他选育的吉杂127目前已成为覆盖吉林、黑龙江和内蒙古的主要酿酒品种之一，年种植面积达到70万~80万亩，其中就包括大川农业这32万亩高粱基地。

在高士杰看来，浅埋滴灌技术可以有效实现肥水一体化，如果能在通榆相对贫瘠的土地上大面积推广，未来发展的空间会很大。因为这样的土地，对农户来说原本是广种薄收的。

闫玉光之所以要自己种高粱，就是想按照自己的标准，通过引入先进技术提升高粱的产量和品质，既是对周边农户的示范带动，也能更好地把"粮杆子"握在自己手里。

目前大川农业在通榆共有12万亩基地，其中自种1.5万亩。根据大川农业的规划，自种的面积未来将达到10万~20万亩。

另一方面，大川农业还在自种基地试种了吉杂127之外的其他高粱品种，希望从中找出能够适应通榆当地土壤结构的新品种进行储备。

在闫玉光的打算中，大川农业要从种子、种植、收粮等环节全面品牌化，最终实现酿酒原料的全产业链运作。

这是大川农业的远景规划，也是酒粮矛盾愈演愈烈下高粱产业的一个发展缩影。

值得关注的是，在大川农业的成长背后，有一个酒行业非常熟悉的身影。

2012年，山西汾酒曾与7家原粮供应商以股份合作的方式，共同成立了汾酒原粮基地管理有限公司。

汾酒集团原董事长李秋喜当时表示，要运用"从田间到餐桌"的全产业链理念，换一种方式与中国其他名酒企业进行竞争。通过原粮基地建设，逐步管控酿酒高粱种子资源，进而管控中国酿酒高粱产业。

彼时与汾酒合作的7家原粮供应商，大川农业正是其中之一。

参考文献

[1] 段锦荣．我国粮食作物优势产业带及其资源优势研究 [J]．中国农业资源与区划，2006，1：9-12．

[2] 何瑞．论近代关内移民对东北农业发展的贡献 [J]．边疆经济与文化，2018，2：68-69．

[3] 王国臣．近代东北人口增长及其对经济发展的影响 [J]．人口学刊，2006，2：19-23．

川南黔北：酒与粱的天作之合

　　川南黔北，西南腹地。长江串联宜宾与泸州，赤水河分隔泸州与遵义。最纯正的中国白酒香气，从川南黔北的无边茂林中升起，飘扬万里。

　　人们看这里，看得见山、看得见水、看得见景、看得见酒，却少有人看到，遍布于丘陵和山地间那数百万亩高粱。这些高粱，撑起了川黔白酒数千亿的产业规模。

沱江下游，四川盆地南沿，有一县名富顺，不甚出名，却是千年古县。

公元567年该地因盐设县，名为富世县，公元976年得名富顺监，富顺县之名可追溯于此。

富顺县隶属于自贡市，而在漫长的历史上，它却与宜宾、泸州两市有着不解之缘。

公元582年，隋朝撤郡存县，富世县隶属于泸州。到明朝，降富顺州为富顺县，辖于下川南道之叙州府，即今天的宜宾。中华人民共和国成立后，富顺县又划给了泸县专区，十年后再次并入宜宾专区。直到1983年,富顺县才划归自贡市。

自贡被称为盐城，富顺也是因盐设县，但相较于富顺与宜宾、泸州两地上千年的渊源，富顺与自贡的缘分还算不上长。到今天依然如此，只不过这次将几方联结在一起的不再是行政归属，而是一个"酒"字。

很少有人会把富顺和酒联系起来，因为这里没有知名酒企，也鲜有人知晓，在宜宾、泸州等世界上最好的白酒产区后面，还站着一个富顺。

2019 年，富顺县高粱种植面积达 15 万亩，是四川省高粱种植面积最大的县域之一，其产的青壳子小高粱属于四川本地常规糯红高粱。这里也是五粮液、泸州老窖、郎酒等酒企重要的优质酿酒原料生产基地。

在地理位置上，富顺所在的自贡地区，是川黔两省大规模种植高粱的所有地区中最靠北的一个。

由此往南，川南黔北酿酒大幕渐次拉开。

最重要的酿酒原料

川南黔北，西南腹地。

长江串联宜宾与泸州，赤水河分隔泸州与遵义。最纯正的中国白酒香气，从川南黔北的无边茂林中升起，飘扬万里。

人们看这里，看得见山、看得见水、看得见景、看得见酒，但少有人看到，遍布于丘陵、山地的那数百万亩红彤彤的高粱。

这些高粱，撑起了川黔白酒数千亿的产业规模。

目前在全国高粱种植中，约80% 的高粱被用作酿酒原料，而在川黔，高粱几乎全部用来酿酒。

透过高粱的种植规模，可以看到白酒行业大致的兴衰，这在四川表现得尤为明显。

在 20 世纪 80 年代以前，四川省白酒产业所需高粱与本地所产高粱基本持平。

从 1985 年前后，中国市场经济管制逐步放松，白酒行业迎来第一次辉煌。

这一年，四川省高粱种植规模达到 170.4 万亩，比十年前多了40.5 万亩左右，亩产从 1975 年的100 千克提升至 218.3 千克，产量从 13 万吨提升到 37.2 万吨。

此后逐渐回落，在 20 世纪末 21 世纪初，亚洲金融危机冲击、白酒行业整体负增长那几年，高粱种植面积快速缩小，即使 2003 年白酒行业就进入了"黄金十年"，但到 2007 年四川省高粱种植面积只剩 53.7 万亩，产量 13.2 万吨，回到 30 年前的水平。

酿酒原料与白酒产能间的缺口越来越大，扩大高粱种植面积成为当务之急。

2009—2012 年是四川省高粱种植规模增长的巅峰。

2009 年，按照打造"中国白酒金三角基地，建 1 000 亿白酒产业"的规划，四川省全省开始大规模建设酿酒高粱基地。到 2012 年，"大种高粱"的气氛已经在全省扩散，四川省财政专项投入达到 5 080 万元，泸州、宜宾两市分别投入专项资金 3 597 万元、1 614 万元，泸州老窖和郎酒等 20 余家企业共投入 1 831 万元，较往年大幅上涨。

　　2012 年，四川全省酿酒高粱种植面积达 151.4 万亩，其中泸州 54 万亩、宜宾 40.71 万亩、自贡 21.78 万亩。

　　除了酿酒需求这一变量外，四川省粮食种植面积变化也能从另一个角度反映四川高粱种植近些年的走势。

　　四川省统计局数据显示，2007 年四川省粮食种植面积为 10 215 万亩；而在 2020 年，四川省委农村工作领导小组下发通知称，要确保全年粮食作物面积达 9 519 万亩。

　　再看高粱种植面积，2007 年四川高粱种植面积为 53.7 万亩，为中华人民共和国成立以来历史最

低水平；而《泸州市千亿白酒产业三年行动计划》明确提出，到2020年全市酿酒专用高粱种植面积要达到100万亩，宜宾市也提出2020年全市酿酒专用粮种植面积要达到160万亩，其中糯红高粱50万亩。

仅宜宾和泸州两地，2020年计划的高粱种植面积已达150万亩，再加上自贡和其他地区，还会更多。

这意味着，近十余年来，在四川省粮食种植面积总体有所减少的同时，高粱种植面积却整体呈扩大趋势。

在强烈的数据对比背后，川酒的地位发生了重大改变。

2007年，川酒以86万千升的产量，改写了此前山东连续15年保持白酒产量全国第一的历史。自此，川酒稳居首座，直到2020年上半年已实现中国白酒"两瓶有其一"。

由于白酒在四川产业经济中的支柱地位，高粱对四川来说，已不再是简单意义上的农作物，而是关系到地方发展的重要经济作物。

2020年，在疫情全球蔓延、外部环境不确定性因素增加的背景下，四川省提出将粮食种植面积同比增加100万亩。其中，高粱扩种面积为10万亩。

重叠的产业

如果说赤水河的存在成就了两岸的好酒，那么，川南黔北的高粱与好酒则是相互成就。

川黔自古以来就种植适合酿酒的高粱，有着天然优质的高粱品种，先有好高粱，而后有好酒。

另一层面，比如高粱种植最为密集的赤水河流域，两岸有数千家酒企依赖一河而生，又以酱酒企业居多。中国最好的酱酒企业分列两岸，对优质高粱需求量大，所以赤水河流域才大规模种植高粱。

川黔地区之于高粱，影响在于自然条件，更在于上游产业布局。

白酒产业与高粱产业在川黔高度融合、密不可分。

从整个川黔来看，高粱的产量远远不能满足两省白酒产量，尤其是本地糯高粱极为稀缺。因此，各大酒厂都在争相建设自己的高粱基地。

名酒厂的地理位置，影响着高粱种植地图。

2020 年 3 月，贵州仁怀茅坝镇安良村数千米长的乡村公路，拉开了长长的高粱种植战线。"感恩茅台，聚力奋进，大战九十天，全面完成建设任务"的标语十分醒目，这是 2019 年 8 月正式启动的仁怀市茅台酒酿造用有机高粱高标准种植示范基地项目。

按照贵州省委、省政府和遵义市委、市政府要求，3 年时间内，仁怀市要建成 30 万亩高标准有机高粱基地，打造高标准的茅台集团第一车间。

位于四川泸州市泸县的一处高粱基地里，四川省农科院水稻高粱研究所为郎酒繁育了 800 亩地的郎糯红 19 高粱种子，足够 40 万亩的种植规模，以备明年郎酒之需。

这 40 万亩地也是分布在川南黔北，以富顺县居多。

郎糯红 19 的品种选育，虽然近两年才逐渐为行业所知悉，但是其选育工作已经进行了 19 年左右，

目前正在品种审核阶段。

泸州市龙马潭区胡市镇的来寺村，以前一直种植水稻和苞谷，成为泸州老窖的原粮基地后，开始改变方式，大面积发展高粱产业。如今，这个村子的水利和交通等基础设施得到极大改善，村里68户贫困户有31户在种植高粱。

他们完全不用担心高粱的销路，"泸州老窖会上门收购，我们只管好好种"。对于来寺村来说，无公害高粱基地已成为全村走上增收致富路的希望。

泸州老窖是白酒行业最早选育专用高粱品种的企业之一，20世纪80年代就和四川省农科院水稻高粱研究所合作，2008年国窖红1号已选育成功，也是率先建设有机高粱基地的酒企。

高粱虽然只占五粮液原料的36%，但酿酒高粱基地依然是五粮液建设的重点。

2018年，五粮液计划三年升级建设100万亩酿酒专用粮基地，四川占80%，以宜宾为核心，川外占20%。其中，高粱面积占整体面积的33%。

宜宾市翠屏区是五粮液酿酒专用粮核心产区，有9个乡镇属于长江流域的酿酒高粱主产区，2020年共有酿酒专用粮20万亩，其中高粱基地8万亩，水稻基地12万亩。

名酒厂的存在，直接决定了川黔地区高粱产业的发展，也在很大程度上决定了当地农户的生产生活。

名酒厂为何执着

为深入了解川黔高粱现状，我们多次往返两地，先后采访了四川

▲摄影／高文庆　唐玉明照片由本人提供

省农科院水稻高粱研究所、国家谷子高粱产业技术体系糯型酒用高粱育种岗位科学家丁国祥、倪先林和该所生物中心主任唐玉明，以及贵州省仁怀市红缨子高粱协会理事长、红缨子农业科技发展有限公司董事长涂佑能。

"高粱在哪儿都可以种，而最适合的地方是北方。"

在丁国祥眼里，北方高粱产量高，是最适合种植高粱的地方，而西南，胜在品质好。如同各名酒企要选育自己的品种、建设自己的专用高粱基地，对本地糯高粱的执着，是他们多年来不可动摇的坚持。

四川省农科院水稻高粱研究所曾做过计算，1990年四川省高粱种植面积在110余万亩，产量为230千克，当年全省产曲酒约15万千升、粮食白酒30万千升，需要高粱原料9.8亿千克，缺口达7.3亿千克，这意味着全省高粱原料约有75%需要靠省外调入。

2019年，四川省高粱种植面积按官方数字也是110万亩左右，

虽然亩产量有所提高，酿酒技术也有极大改进，但是2019年四川省白酒产量为366.8万千升，占全国产量的46.7%，缺口比1990年加大了数倍。

至于本地糯高粱，更是有钱也买不到。

丁国祥等专家培育出的四川杂交糯高粱，大面积生产可以达到亩产400～500千克，本地常规糯红高粱则在300千克左右。研究证明，二者的品质十分接近，只是对于酱酒生产而言有所区别。

在产量上接近北方高粱，在品质上接近本地常规糯红高粱。即便如此，优点十分明显的杂交糯高粱在四川却难以施展身手。

倪先林向我们表示，名酒厂对本地高粱的执着有利有弊。利在于茅台、郎酒等酒企只要本地糯高粱，农户不愁卖，而弊也在于此。到目前，杂交糯高粱在四川的种植面积仅占10%，且多分布于德阳、南充、达州等不属于酿酒带的地方。

名酒厂对于本地常规糯红高

粱的推崇是一大阻碍因素，价格是
另一大原因。

　　由于西南地区地形限制，无
论本地糯高粱还是杂交高粱，都
需要人工收割。相比之下，本地
常规糯红高粱的收购价格为 7 ~
8 元 / 千克，茅台对红缨子高粱的
收购价格达到 9.2 元 / 千克，而杂
交糯高粱为 5 ~ 6 元 / 千克，成本

却差不多，因此农户更愿意种植利
润空间大的品种。

　　此外，东北高粱收购价格约为
3 元 / 千克，比杂交糯高粱要低许
多，二者的颗粒外观却十分接近。
在政府大力推广杂交糯高粱时，曾
有供应商把北方高粱当作杂交糯高
粱卖给酒厂。久而久之，酒厂对购
买杂交糯高粱的意愿便降低了。

本地常规糯红高粱为什么能卖高价，对于酿酒而言，它又好在哪里？

2019年以来，泸州市针对本地常规糯红高粱、四川杂交糯高粱、东北粳高粱代表品种和四川选育北方种植的机糯高粱4种高粱，在泸县、纳溪区开展酿造浓香型白酒比对试验，以探明不同类型高粱的酿酒特性和品质差异，实验由唐玉明主持。

2020年4月，酿造实验产出春酿原酒，中国食协白酒协会理事及技术顾问胡永松等7名中国著名白酒专家对酒样进行现场盲评，认为本地常规糯红高粱为本次试验酿造中最优品种。

常规糯红高粱

东北粳高粱

四川杂交糯高粱

四川机糯高粱
（适合机械化生产）

研究表明，本地常规糯红高粱的特点是糯性好，支链淀粉占总淀粉比例高，平均在 94% 以上；单宁含量高，平均为 1.49%；蛋白质含量适中，平均为 8.82%。

这些含量指标，都是酿造优质白酒的重要因素。

对于酱酒来说，本地常规糯红高粱颗粒饱满坚实、生长均匀、粒小皮厚，耐蒸煮，耐翻糙，是最符合其"12987"生产工艺的原料。

川黔名酒的这份执着，源于自然条件、历史习惯、产业布局、社会因素，以及对品质的坚守。

川黔竞与合

在产业竞争上，川黔被视为泾渭分明的两个白酒大省，一浓一酱，被赤水河切割；而在地缘上，川黔却是最为亲密的一对好友。

从二郎镇到习酒镇，只需要经过一座短短的铁桥。站在郎酒庄园的高山上，甚至能数出习酒有多少个车间。

在这若有似无的分界线两端，人们互通有无，共享集市、学校和工作机会。

"从来没有觉得对岸是另一个省份，很多学生放了学都会跑到对面吃东西。"泸州古蔺县人王瞬（化名）2020年刚入职郎酒庄园。进入本地最大的企业工作，对这里的年轻人来说似乎是一件顺理成章的事情。

王瞬的姐姐王双（化名）毕业之后就进了茅台酒厂。

跨省工作听起来很遥远，实际上古蔺县与茅台镇只隔了100千米，而与省会成都隔了400多千米。

和他们相似的人很多，两岸居民的亲戚、朋友关系多少年来相互交织。一切都表明，川南黔北的确很亲密。

这种亲密并非没有缘由。早在元明两代，直到贵州建省之初，古称为"播州"的贵州北部遵义地区曾经长期隶属于四川。在万历二十九年（1601年），播州被一分为二，"以关为界，关内属川，关外属黔。属川者曰遵义，属黔者曰平越"。

到清朝雍正年间，由于云、贵、川、广长期界址不清，"插花地"

现象突出，不利于地方稳定。加上贵州作为"驿道所经"之处，位于滇、粤、蜀、陕以及两湖的中心地带，对周边省份都有制衡作用，而遵义又是黔北重镇，在资源禀赋、自然条件、经济水平和战略位置等方面都属于要地。出于地方治理考虑，当时朝廷将"四川遵义、桐梓、绥阳、仁怀四县，正安一州及遵义协官兵，俱隶贵州管辖"，至此，遵义地区才完全归属于贵州。

同时，为了补偿四川，"将永宁改归四川，隶于同城之叙永同知管辖"。

永宁就是今天的古蔺县一带。

如今在川南的叙永、古蔺和黔北的遵义地区还流传着一句"四川人生得憨，遵义调龙安"的顺口溜，说的就是历史上遵义与永宁互换一事，两地渊源由此可见。

行政区划尚有人为因素掺杂其中，而自然界的选择更多是出于本能。

我国高粱种植分为4个优势产区，包括东北酿造粳高粱优势区、华北和西北酿造粳高粱优势区、西南优质酿酒糯高粱优势区、黄河至长江流域甜高粱潜在优势区。

其中，四川和贵州被划在了同一个优势区。"西南"二字，意味着外界在某种程度上将川贵看作一个整体。

然而，就如同浓酱之隔，细看川黔，却又不大相同。

2019年，四川省白酒产量为366.8万千升，规模以上企业收入为2 653亿元，利润为448.8亿元；贵州省白酒产量为27.39万千升，规模以上企业产值为1 131亿元，酒业总利润为603.66亿元，绝大部分为白酒利润。

产量规模上，川酒占绝对优势。盈利能力上，黔酒压倒性胜利。

川黔白酒之战，愈演愈烈，在酿酒原料上亦是如此。

高粱之于白酒产业的重要性，赤水河右岸较左岸有过之而无不及。

两地的名酒企都追逐本地糯高粱，四川多青壳洋，贵州多红缨子。虽然都是酿造酱酒的优质原粮，但二者在株高、支链淀粉含量、蛋白质含量等指标上都有所差别。

对于高粱品种的优化升级，是川黔白酒尤其是酱酒品质竞争的重要环节。

在种植面积上，2019 年，贵州省公布的高粱种植面积为 161.40 万亩，总产量 44.71 万吨。2020 年，全省酿酒高粱种植面积达到 200 万亩。

仅从官方数据上来看，贵州省高粱种植面积比四川高出许多。

再如种植方式，西南地区多采用间套轮作，比之单纯种高粱，能有效盘活土地资源，减少病虫害发生，增加耕地肥力，实现种植的优质高效，促进农民增产增收。

这样的种植模式在不同作物生长周期上会出现一些冲突，育苗移栽可以有效解决这个问题，目前整个西南地区都以育苗移栽为主。

倪先林介绍道，以四川为例，其大部分耕地种植油菜居多，尤其在川南地区，油菜收割时间为4月底到5月初，而3月为本地常规糯红高粱最佳播种时间，并且本地糯红高粱生育期较长，如果采取直播方式，一旦雨水不够或过多，都会影响高粱长势。育苗移栽可以提前育苗，缩短生育期，弹性较大。

西南地区育苗的方式主要包括传统撒播育苗、营养球（块）育苗和相对先进的漂浮育苗。

较之传统撒播育苗，漂浮育苗能减少用种量，出苗好且整齐，移栽易成活。例如，在播种期容易遇到的倒春寒、雨水少等极端天气下，漂浮育苗具有条件可控的优势。

由于需要搭建苗棚，购买

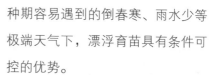

漂浮育苗　　　　　　撒播育苗　　　　　　营养球育苗

▲图片来源：贵州红缨子农业科技发展有限公司

基质、育苗盘等投入，漂浮育苗在四川的推广面积目前只占10%～20%，大范围的还是传统育苗；而在贵州，传统育苗只占50%，另有漂浮育苗占20%、营养球（块）育苗占30%。

从种植方式的推广程度也能看出川黔对酿酒高粱产业发展的不同力度。

如果以上的差异都不够直观，那么走进川黔，两幅不同的高粱图景便会立即展现在眼前。

山地高粱

站在赤水河畔，高架于深深河谷之上的赤水河红军大桥，犹如巨龙般自古蔺直入习水。这座世界上山区同类型钢桁梁悬索桥梁中第一高塔、第二大跨的峡谷大桥，将天堑变通途，两地2小时的车程缩短为10分钟。

从这里看，川黔似乎没有什么分别，但如果从成都一路驶入仁怀，就会发现，山越来越多、越来越密、

越来越高，不管站在哪里，都感觉被群山包围。在四川尚有成片的耕地，贵州却鲜见。

贵州向来有"八山一水一分田"之说，高原、山地、丘陵和盆地组成了贵州，全省92.5%的面积为山地和丘陵。这是全国唯一一个没有平原支撑的省份。

千百年来，这里的人早已习惯了与山为邻。

我们在仁怀和习水期间曾多次听当地人说起，即便是在大山深处，只要山上有一户人家居住，政府就给修出一条路来。

多山少地的地貌特征也在贵州衍生出了独特的山地农业。

仁怀的高粱地，类似于云南的梯田，一层一层堆到半山腰，直到坡度陡到实在不宜耕作。农户们栽秧、施肥、收割，都得反复爬上去。

7月上旬，由涂佑能带领，车子沿着仁怀市坛厂镇一条机耕路盘旋而上，两侧零碎的地块全都种满了高粱。在仁怀甚至整个遵义，只要有一块能用上的地，多半就会被种上高粱。地块边缘，偶尔能看到几株玉米。

这个时节，正处于高粱抽穗扬花、去杂株的关键时期，前后30天，决定着一年的丰收。红缨子农业科技公司的23名职工全都四散到各处山里去巡高粱了。丰满的穗子已经开始下垂，昭示着2020年是个丰收的年份。

沿途可以看到高粱地中，每隔50亩便安装有一盏杀虫灯，以代替农药。虽然这里种植高粱是地尽其用，却并未改造林地以扩大耕地面积，因为生态环境始终是种植优质高粱的基础。

从山的一边到另一边，目之所及，都是绿油油的高粱，甚至有很多看不见的高粱地隐藏在树林茂密的丘陵中。若非亲眼看到，很难想象茅台和一众酱酒厂每年需要的庞大高粱数量，是从无数零碎地块中累积出来的。

西南尤其是贵州的山地丘陵，在外人看来似乎是农耕的劣势，但在本地人眼中却是另一番解读。"我们这种零碎的地块恰恰是生产优质高粱的优势，"涂佑能解释道，"山地地形使得土壤渗水性较好，高粱株与株之间通风顺畅，可防止虫害霉变。"

此外，这种地形虽然不利于机械化耕作，但也正好符合茅台酒厂的需求。因为茅台对原料的严格要求，决定了红缨子高粱需要人工收割、人工脱粒晾晒，过程中避免一切污染，而大型机械化很难做到这样的精细化操作。

根据官方公布的数据，2020年贵州省高粱种植面积为200万亩，但是实际数据或许高出许多。因为仅遵义地区就有125万亩之多，此外习水、金沙、铜仁、安顺等地都有规模化的高粱种植基地，绝大部分集中在黔北。

在这些地区，每年都有无数农

户将源源不断的优质高粱送进茅台的生产车间，以获取全家人一年的重头收入。茅台的高粱用量，占据贵州高粱产量的极大部分。

8月初在红缨子高粱成熟收割期间，我们再次来到仁怀，途中遇到鲁班镇农堡村上坝组的村民组长陈兴景。

75岁的陈兴景身体硬朗，作为村民组长，他主要的职责就是监督和指导农户把高粱种好，哪家种着哪块地，长势如何，他都晓得。

陈兴景告诉我们，他所管理的4个组共有1 300多亩高粱地，分为5 000多个丘块，总产量大约在50万千克，种植户有196户。按照9.2元／千克计算，平均每户大概能收入23 469元。这些钱都是茅台集团通过茅台农商银行直接打到农户卡上的，农户只要去银行签字确认后就能领到。

高粱种植已经成为贵州脱贫

▲涂佑能

攻坚的重要产业。2019年，仅仁怀市就有 4.42 万户种植高粱，其中贫困户达 7 700 户，覆盖 2.1 万人口。

这一切都得从涂佑能说起，因为整个贵州 99% 的高粱种子，都是涂佑能供给的。

58 岁的涂佑能走起路来不是非常利索，30 余年来在仁怀的丘陵里走遍一片又一片高粱地，年复一年，膝盖已经严重磨损。

我们跟随他来到红缨子农业科技公司二楼会议室，开门进去还有一道紧锁的门。

这道门后，藏着红缨子农业科技公司最机要的秘密——这里有 300 多份来自赤水河谷野生高粱的古老品种，被称作品种资源。会议室里这道门一直上着锁，几乎不向外人敞开，因为茅台的原料安全、原料优势就依赖于从这些品种资源中不断进行品种选育。

这些品种资源，是茅台的命根子。

红缨子高粱，以及红珍珠、台糯 9 号等红缨子系列品种就是从其

中选育而来的。

20 世纪 80 年代，仁怀当地高粱亩产量仅 75 千克左右，难以满足茅台酒厂的发展需求。1987 年，时任原仁怀县三合区农技站站长的涂佑能开始参与高粱品种资源的调查与筛选工作，从此便在这条路上一去不回头。

每年 7 月前后，到了高粱抽穗扬花时期，涂佑能等人就顶着烈日高温在赤水河谷寻找品种资源，有时一天要走上 30 多千米，腿上的老毛病便是那时候落下的。

1999 年，涂佑能等人在三合镇坝上村一个"牛尾砣"高粱品种中，发现了一株优良异形单株，同年又在原仁怀县合马镇，发现了名为"小红缨子"的优良异形单株。他们将两者一同作为育种材料，进行高粱的新品种系统选育。

从 1987 年到 1999 年，仅寻找优良株系就花去了 10 余年时间。

找到优良株系后，他们又用了 10 年时间反复探索实验，终于在 2008 年成功选育出新品种"红缨子"，亩产可达 400 千克左右。

从 2008 年开始，红缨子成为茅台酒指定的唯一酿酒高粱原料。

在涂佑能看来，酱酒之所以形成独特的"12987"工艺，很大原因是受原料特性影响。也就是说，赤水河谷的原始高粱品种促使酱酒生产工艺进化，因此酱酒工艺也要求原料须是当初促使其进化的品种，而红缨子正是由古老的地方品种选育而来的。

这也是茅台每年花大力气、高价钱也要用本地红缨子高粱的原因所在。

涂佑能说："赤水河谷的高粱天生就是为酿酒而存在的，而红缨子的整个研发过程，都是为了服务于茅台。"

为了保证品种的先进性，从 2008 年至今，涂佑能一直在加强红缨子的科研力度，在抗性、质量、株高和丰产性等方面不断优化。

红缨子农业科技公司的墙上挂着几代红缨子高粱穗，从中也能看出一些明显的区别。代数越新，高粱颗粒越饱满圆润。

　　除了茅台酒专用的红缨子之外，涂佑能还选育出了红珍珠、台糯9号等红缨子系列品种，不仅推向全贵州，更在重庆、湖南、湖北、云南等地推广1 000万亩以上。

　　2020年，茅台在贵州有70万亩有机高粱基地，仁怀这30万亩就是专为烤茅台酒准备的。

　　涂佑能告诉我们，在仁怀，只要看到生长的高粱多半就是红缨子，只要是红缨子，就是茅台集团的。望着漫山遍野的高粱地，他的语气中带着十分的笃定与自豪："整个贵州，决不允许有杂交高粱，一棵杂交的也没有。"

参考文献

[1] 冯健，赵微 . 川南黔北名酒区的历史成因和特征考 [J].
    西南大学学报：社会科学版，2008，34（5）：58-62.
[2] 吴兆庆，吴晓玲 . 区域视野下的明清川黔边界博弈 [J].
    贵州文史丛刊，2017，3：30-33.
[3] 杨斌 . 历史时期西南"插花"初探 [J]. 西南师范大学
    学报：哲学社会科学版，1999，1：39-44.

重庆白沙，一棵高粱的延伸

　　能够发展酿酒产业的地区，总有一些相同的特质：土壤酸碱度适中，水质软硬度适合，以及长期积累的产业根基。总的来说，地理优势是决定地区产业形态的关键。仁怀、宜宾和泸州，都是如此。

　　在这个全国公认的主要酿酒带里面，也包含白沙镇。

重庆白沙，因阳光照射长江江畔沙粒呈现白色而得名。

这里自古就是水道要津，也是万里长江上游的国家级深水良港。

优越的港口条件，使得早在交通不发达的年代，白沙镇就拥有了雄厚的酿造工业基础，甚至在清朝时期就形成大规模的产业聚落。几百家酒坊聚集在驴溪河畔，绵延成长约里许的槽坊街。

1934 年，槽坊街毁于一场大火，自此白沙镇作为"清末西南第一酒镇"的名头隐去。直到江记酒庄进驻，人们才再一次从史料中扒出这段辉煌历史。

距离江记酒庄东 5 千米处，是江小白酒业的红皮糯高粱种植基地（即江记农庄）。

这里地处云贵高原的大娄山北脉尾端，气候温暖湿润，土壤富含硒，是农作物的优良种植地。

早在 2015 年，江小白的"一亩三分地"便落户这里，成为国内少有的酒企自种基地。

随后的 4 年多时间，生长在江记农庄的一棵棵高粱，逐渐延伸成一条跨越三产的高粱产业链，为白酒行业在原料基地建设上提供了一个"自然生长"的另类样本。

找到黄庄

2018 年 7 月 28 日，江小白与重庆市江津区政府等部门正式签署了酒业集中产业园和高粱产业园的投资及合作协议，宣布启动全产业链布局。

到这时，有关江记农庄的筹备和建设已经进行了 3 年之久。

从 2015 年前后，江小白的生产体量开始迅速增加。基于此，如何高质量保障原料的稳定供应，成了江小白的重要课题，产业链向上游拓展势在必行。

彼时关于选址有三个考量，一是气候环境、地理条件要适宜高粱的生长，二是距离酒庄的位置需方便运输，三是可与酒庄提出的工业旅游产业规划实现配套。

能够发展酿酒产业的地区，总有一些相同的特质：土壤酸碱度适中，水质软硬度适合，以及长期积累的产业根基。总的来说，地理优势是决定地区产业形态的关键。仁怀、宜宾和泸州，都是如此。

在这个全国公认的主要酿酒带里面，也包含白沙镇。

白沙镇属于亚热带季风气候，光照充足、气候温和、雨量充沛，与四川泸州、贵州遵义同属于西南优质酿酒糯高粱优势区。

从地理位置上看，白沙镇到泸州和茅台镇的直线距离，均只有100千米左右，形成了一个酿酒的黄金三角结构。

自然条件得天独厚，但要和酒庄工业旅游产业联动，这让江小白负责农业板块的助理总裁唐鹏飞犯了难。2017年初，在唐鹏飞遍寻而不得的时候，江津农业委员会的一位领导提议，"可以去黄庄看一下"。

黄庄就是江津区永兴镇的黄庄。在过去 10 多年里，江津农业委员会集结相关技术力量将其打造成为"中国美丽休闲乡村"，并为它取了一个很符合其特质的名字"金色黄庄"。

每到春天，这里漫天遍野都是金灿灿的油菜花。同期举办的"金色黄庄"菜花旅游文化节，吸引了大量重庆主城和江津周边区县的近郊游客前来观赏。

"那年正好在 4 月份去看了一下，油菜花节的那两三个礼拜，旅游人次可能有一二十万，还是有点基础，又考察了大棚、道路、管网，包括立地条件等各项指标，总体来说还不错。"

很快，江记农庄便落户永兴黄庄。

互相选择

基地选好以后，唐鹏飞开始紧锣密鼓地选育高粱品种、流转改造土地、组建团队。

选育品种很有讲究，不仅要适宜本地的风土，产量高、品质佳，更要控制穗型、株高，以确保在劳动力空心化的乡镇里做到机械化收割。

在捋完全国各科研所对高粱种植的研究之后，唐鹏飞最终选定了由四川省农科院水稻高粱研究所研究员、国内顶尖高粱研究专家丁国祥团队选育的本地糯高粱品种"金糯粱一号"。

传统的高粱穗小、产量低、皮厚，且株高在2米以上，这个高度注定只能由人工收割。改良后的"金糯粱一号"，株高可控制在1.4～1.6米，穗大、质糯、粒红，尤其适宜机械化收割。

后期，重庆和山西两地科研院共同研究的品种"晋渝糯"和山西高粱品种"晋粱"，也被江记农庄加入试验。

2米以上

传统糯高粱

1.4～1.6米

金糯粱一号

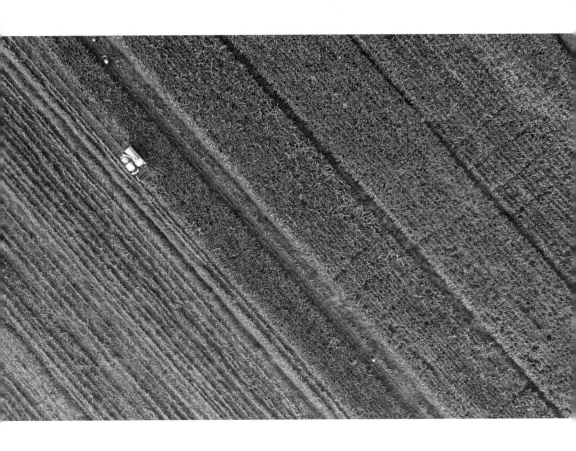

　　"优选品种的过程其实非常缓慢，最少要三年"，经过近 4 年的试验，江记农庄目前的品种，单从口感上已经比较符合"轻口味"的风格特征，但是否适宜机收，限制条件不只有品种，更重要的是地形。

　　黄庄地处丘陵，土地多是缓坡，高低起伏、分散零碎，农业机械操作难度巨大。恰逢重庆市农业委员会在重庆推广宜机化改造，江记农庄积极响应，将其流转到的几百亩地全部作为种植示范基地。

　　目前，这片种植示范基地的面积已增至 5 000 亩，一眼望过去都是适合大中型农业机械耕作、播种、管护、收获的标准农田。

　　胡源和刘秀的主要"战场"就是这里。

　　2016 年前后，唐鹏飞开始在全国招募技术人员到黄庄种高粱，出生于 1989 年的刘秀，和小他 3 岁的胡源先后加入其中。

刘秀是白沙镇本地人，父亲是十里八乡有名的农业科技服务专家。从小跟着父亲耳濡目染果树嫁接、病虫害防治、肥料用量的种种知识，让他对农业保持着天然的好感。

相比之下，胡源的"从业"之路要曲折许多。

即便从小就表现出对农业科技的兴趣，同样务农的父母却不以为然，甚至对他随着年纪增长而愈加浓烈的"种地"兴趣，俨然有一种严防死守的架势。

大学毕业后，胡源拿到了中国邮政集团重庆分公司的录用通知书。在大多数人眼里这是一份难得的好工作，然而在这里度过的两年，胡源满是迷茫。

"这不是我想要的工作状态，我想要去户外，去体验风吹日晒霜打雨淋。"

果不出意外，在父母的强烈反对下，胡源离开了邮政公司。

胡源得知江记农庄招聘的时候，已经是 2018 年 6 月。彼时，离家更近的刘秀早已先一步嗅到机会，成了江记农庄的"2 号员工"。

就这样，胡源就和刘秀"作了伙"：一个虽然没有系统学习理论知识却满身实战经验，一个满怀乐趣学了一肚子理论却没有机会实践的江记农庄"高粱种植二人组"诞生了。

"冲突"试验

从个性上来看，"高粱种植二人组"十分互补。当了爸爸的刘秀耐心温和、老成持重，对不同的意见接受度很高；头顶留一撮头发扎成一个小辫的胡源会冒出很多想法，还有点完美主义。

▲刘秀（前）和胡源（后）

刚开始的时候，他们在田间管理的一些事务上经常会产生冲突。胡源觉得刘秀的很多做法都太偏向于传统，但以刘秀多年的经验来看，胡源的想法总有点不接地气。

各执一词的时候，他们会按照各自的办法先尝试一遍，最终看结果说话。

就是在这些磨合中，江记农庄"进化"成如今的模样。

最初农庄是采用传统移栽方式，每人每天能移栽半亩到一亩地已经算是高效。后来他们在网上看到一个推动式玉米播种机，买回来根据高粱种植需求改造口径，一试之下，两个人一天能"推"上二三十亩地。

一个喷雾机也"惨遭"改装。传统喷雾机在打药时，完全依靠人的感觉判断药剂使用量，极易出现局部多喷或漏喷的情况。两人在给喷雾机加了T型装置改为4个喷嘴后，工人只需以匀速直走，便可轻松解决这个问题。

如今刘秀和胡源已基本上过了磨合期，很少再有争执，更多的

是一起学习农耕机械以及研究更前沿的农业科技应用。

2019年的一天，在结伴去地里施肥打药的路上，他们偶遇一架无人机撞上电线杆，一群小伙子顿时萌发了极大的兴趣。算上唐鹏飞在内，如今农庄这12个人里面已经有8个拥有无人机驾驶证，这也"迫使"唐鹏飞将购置无人机写进了自己的工作日程。

随着基地面积的不断扩大，农用机械的使用率也大幅增加。从播种到收割，再到灭茬和翻土，各个环节用到的机械购置费用已达100多万元。

每当农庄请来专业人士操作机械，这些小伙子就在一旁请教学习，只等时机成熟就去自考资格证。除了操作，在这里还有另一项必备技能就是更换零部件和维修，也早已被列入学习计划。

在这些年轻人的身体里好像安着一个分泌热情的永动机，对土地、对高粱、对技术的探索欲永不止息。

改变的信号

在江小白的"前辈们"眼中，这些年轻人的热情和奇思妙想，正在带给这片土地改变的信号。

"传统高粱种植模式就是靠人力，但这些年轻人在农庄搞起了信息化建设，带来了现代化的全新管理模式。"唐鹏飞说。

胡源的工位旁边，摆着一个监控显示屏，上面是每个地块的实时监控信息。

唐鹏飞告诉我们，未来农庄还会引入更先进的"产业数字地图"，不仅可以显示地块的实时状态，还能针对土地面积、土壤性质、工人每天的工作情况等指标，为不同地块制定个性化的管理方式，节约成本。

在示范基地中，矗立着重庆气象局专设的一个气象站，农庄通过申请便可以拿到气象站收集到的数据信息；但为了更及时地获取温度、湿度等气候数据，以及墒情、PH值等土壤性质数据，农庄又自费新增了一个新的小型气象站。

此外，在示范基地里，还有利用太阳能供电和无线通信技术的土壤检测仪、水质监测仪、虫情监测灯及视频监控等物联网设施。

在90后团队看来，通过持续观测和记录气候、土壤、虫情等数据，可以实现种植过程中的全天候、全方位监管，不断优化种植技术，减少犯经验主义错误。

在不久的将来，这个气象站的旁边，还将出现一个5G基站。

唐鹏飞说，无人机在农业种植方面的应用主要是"植保打药"，而5G网络的超高传输速度可以避免因为信号不好而延时导致打药不均的情况。同时，5G网络还可用于病虫害监测，"传统方式就是肉眼'扫描'，非常原始和低效，基于5G的高光谱的病虫害监测可以大大减少人力成本，提高准确率"。

对于这些年轻人的新奇想法，唐鹏飞的态度总是鼓励，但为了弥补他们在理论和经验方面的短板，农庄还建立了技术资料库和专家库,不仅可以检索过往的资料储备,还可以直接与专家取得联系。

以高粱为例,从种子、生产、收储、病虫草害,包括种植条件等一系列问题,都可以在专家库里检索。

唐鹏飞表示,现代农业要靠技术支撑,纯粹靠天吃饭是不行的;而被这些年轻人改变的白沙镇和黄庄,也渐渐变成了"不用出去"和"可以回来"的地方。

一棵高粱的延伸

最开始,唐鹏飞只是想找一片高粱地,至于怎么做产业融合,哪些路径能走通,他并没有那么确定。直到那年4月,望着金灿灿的油菜花,忽然一切都连了起来。

"油菜是当年10月份下种,第二年4月份前后收割。也就是说,剩下半年的时间,那些土地并没有明确规划。"在与江记农庄合作后,

▲唐鹏飞（右三）和国家高粱产业技术体系岗位科学家丁国祥（左三）一行

一产和三产可以天然结合起来，前半季有黄庄油菜花观光旅游，后半季种高粱则能满足农庄需求。

思路打通以后，江记农庄联合政府、合作社、农民形成"公司＋科研院所＋村集体＋专业合作社＋服务机构"的利益连接机制，各板块分工协作，利益共享。

为了提升农户种植高粱的积极性，江记农庄还联合当地政府保底收购高粱，将高粱收购价格从1.9元/斤提高到2.5元/斤，并给予农户300元/亩的种植补贴，还争取到政府提供的宜机化改造、农药化肥种子及社会化服务等各类补助。

多管齐下，利益共同体逐渐形成。目前，江记农庄加上发展当地农户的种植面积，已接近江津区高粱种植面积的一半。根据规划，江记农庄除了高粱产业园核心面积5000亩，示范种植面积将达到2万亩，计划辐射带动种植面积10万亩。

再加上计划中的花房、高粱博物馆、民宿……一个简单的观光农业项目已具雏形。

在此基础上，这帮年轻人又动起了循环农业的念头。

"田间种高粱，高粱收获以后在酒庄酿酒，酒庄产生的最大废弃物是酒糟，它能不能转化利用？"

唐鹏飞介绍，目前江记农庄已经配备了养殖技术员，并配套建设了有机肥加工厂。未来，酿酒产生的酒糟可作为饲料喂养肉牛，牛粪处理成有机肥后又可用于高粱和油菜种植，由此形成"高粱——酿酒——酒糟——肉牛——有机肥——高粱"的产业循环，整个生产和观光农业也结合到了一起。

这样的项目对本地人而言，意味着一种巨变。

"周边连着几个乡镇，随处可见穿着蓝色工装的同事"，刘秀这样总结，"有种感觉就是白沙镇变小了，到处都是熟人"，而且也变好了，"尤其是前两年经济不大好

◀ 从上到下依次是花房、高粱博物馆、民宿

的时候，逛润稼超市（本地的一家大型超市），买肉的基本上都穿着蓝色工装"。

红红火火的黄庄，又吸引了江津区政府投资 2 个亿打造的农业嘉年华项目。按景区建设，和江记农庄连成一片，并交给江记农庄承包运营，2021 年 3 月开园。

"农业嘉年华，加上农业观光旅游项目，会吸引大量的人流过来，从而在吃住行各方面产生消费，这对当地老百姓致富会是很大的推动。"唐鹏飞说。

这一切，最初的源头只是一棵高粱。

也许在一开始，江小白自建高粱基地只是为了在原料供应上拥有更多的主动权，但当这棵高粱日渐生长并向外延伸时，不仅带来了产业融合的无限可能，也让生活在这片土地上的人们看到了命运不同的模样。

天佑德、榆树钱、大泉源、道光廿五等为代表，材质则以荆编和木制（槐木、松木）居多。

在储酒容器的选择日益多元的当下，这些传承数十年乃至上百年的老酒海，其意义渐渐超越了器物本身，成为白酒文明和手工技艺的一个历史印记。

白酒的辉煌证明

这是位于陕西西凤酒厂西北角老酒库区的一座酒海库。

门锁一开，陈年的老酒香便从幽深处弥漫过来。一件件由荆条编制的圆柱形酒海，以高过头顶的阵势展现在我们面前。西凤人称它们为"海子"。

显然，这是一些已经上了年纪的"海子"。

据西凤酒厂制酒903车间主任金成勇说，在这间酒库里矗立着的约30个酒海中，有不少是从清朝年间使用至今，已有百年历史。

像这样使用年限长且保存完整、有研究价值的酒海，西凤酒厂

有12个，都已被评为国家级保护文物，而酒库中"年龄"最小的酒海，也有二三十年。

身处在这些年代久远的酒海间，人会不自觉地放轻脚步，仿佛在与历史进行一场无声的交流。这些酒海也随着时间的流逝，被赋予了特殊的意义。

在西凤的酒海群中，一个编号为29的酒海显得十分醒目。1989年，时任全国人大常委会副委员长的习仲勋到宝鸡视察，期间在西凤参观时，曾饶有兴致地随机品尝了这款酒海中的酒，两年后又亲笔题下"陕西西凤酒好"的留念条幅。

如今，条幅的原件就悬挂于29号酒海旁。六个古朴苍劲的大字，也成为西凤酒海的一段佳话。

在甘肃金徽酒厂养酒馆地下一层，恒温环境中静静矗立着的50件木制酒海也大有乾坤。

2015年12月，经国家文物部门鉴定，这50件酒海全部被列为国家级文物。其中，一级文物6件，二级文物5件，三级文物33件，一般文物6件。

若以年代划分，这50件酒海中制作于明代的有8件，清代有2件，民国时期有16件，中华人民共和国成立后有6件。距今年代最近的金徽酒海，也有至少60年历史，而在年代最为久远的3件明万历年间的酒海上，刻有中国传统的祥云图案和"万盛魁"三个大字。

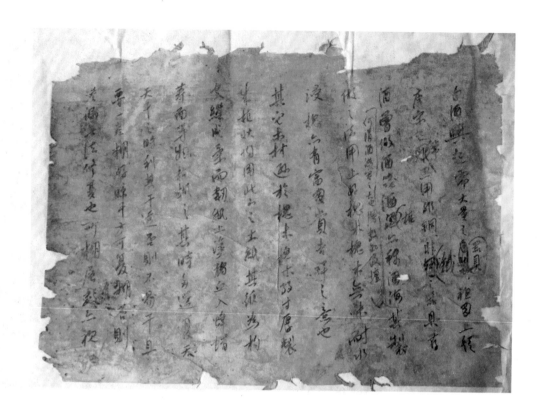

与之对应的是，在甘肃徽县档案馆曾发现一份明朝万历八年的档案。

档案中记载："白酒兴起需大量之器具，祖上经唐宋起，常亦用非铜、非铁之器具存酒，曾做酒笼酒柜亦称酒海……"

这份档案不仅揭示了酒海使用的悠久历史，同时也证明了一个现象，即在明朝万历年间，白酒已十分兴盛。

正如档案中所言"白酒兴起需大量之器具"。对酒海的使用在当时或许有两个原因：一是白酒的产量已较大，才需要用到酒海这种巨型储酒容器；二是白酒流通广泛，在长途运输中，酒海相较于其他器具，既轻便，也不容易破碎，由此成为这一时期的重要酒器。

如今白酒行业现存的老酒海，多为明清时期传承至今。除上述金徽和西凤外，青海天佑德，吉林榆树钱、大泉源，辽宁的道光廿五等酒企，也都保留有不少清代酒海。明清两代也正是以烧酒为代表的高度酒兴起的重要阶段。

由此，这些老酒海的存在，也成为白酒早期辉煌的一个见证。

不仅仅是在北方，在我国南方地区，包括茅台酒早先使用的盛酒器具，也有一种名为"厄子"的竹编酒篓，其制作方法与酒海极为相似。

可见这种储酒容器在我国南北方曾被广泛运用。

如今在白酒行业，明清时期的酿酒古窖池被视为珍贵的历史遗迹，所酿之酒也往往具有更高的价值。

如果按照白酒"三分酿、七分藏"的说法，那这些明清时期的老酒海，其价值是否也并不亚于明清古窖池？

神奇的生香容器

除年代久远外，现存的老酒海还有一个奇妙之处，即"遇酒而香，遇水则漏"。

金成勇说，这是因为酒海中所存的酒多为 65 度以上的高度酒，酒精分子会与酒海内壁用于裱糊的成分发生反应，形成一种胶体结构，从而避免渗漏。

同时，这些裱糊成分中的有机物质，在与酒发生交互反应的过程中，还会有利于酒的酯化优化，以及酒中杂醇的挥发和其他有利微生物的生成。因此，经过酒海储存的酒与一般的酒相比，口感会更加醇厚绵甜，并带有独特的蜜香和植物清香等。

也正由于酒海的特殊价值，目前仍保留有老酒海的酒企，通常都是将酒海用于高端酒的存储。比如在天佑德，储于酒海中的酒至少已有 20 多年的酒龄；而在金徽，酒海中所存的酒，也只是有限地用于少部分高端定制酒的酿制；榆树钱 2020 年则推出了以"酒海私藏"为特点的产品，价格高达数千乃至上万元。

对这些老酒海而言，其保护和传承意义，以及品牌价值，已经大于使用本身。

说到酒海的保护，通常分为内外两个部分。外部保护，主要是稳固酒海以及保持环境的阴凉、干燥、通风。

以西凤酒海为例，在酒海四周会固定一些木桩。这些木桩大多是从酒海被放置好后，便同步被固定下来。它们与酒海同龄，既承担着稳固酒海的作用，也充当着取酒时工人站立的梯子。

金成勇告诉我们，这些看上去已经很有年头的木桩，实际上远比我们想象的要结实。

针对酒海内壁的保护，各家的做法也高度统一，都是采用"以酒养海""酒海不干"的策略。酒海内壁因酒的滋润而更加柔韧，其中的蛋白质等有益物质又会进一步滤掉酒的辛辣，从而相得益彰。

大部分酒海从进入酒库、贴好编号、被固定下来的那一刻起，便几乎不会再有位置上的移动。无论外界经历着怎样的沧桑巨变，对这些酒海而言，岁月在它们身上留下的痕迹，只有腹中的酒才清楚。

繁复而讲究的工艺传承

被誉为储酒神器的酒海，之所以在当下没有像陶坛、不锈钢罐那样被广泛运用，甚至可以说日渐稀少，很重要的原因是其制作工艺极为繁复。

单从原料选择和酒海外形上看，各家酒企基本上都遵循了就地取材、因地制宜的原则。

比如，以西凤和天佑德为代表的荆编酒海，所用材料均取自秦岭一带所产的荆条；而在木制酒海中，金徽所用的是本地产的国槐木，榆树钱等东北酒企则是以地产松木为主。

原料的不同，也导致了酒海外形的差异，并最终形成荆编酒海以圆柱形为主，木制酒海则多为柜状。

无论荆编或木制，酒海内壁裱糊的工艺流程和所用材料均十分相近。在西凤酒厂采访期间，我们便旁观了一个酒海的制作流程。

从一根荆条出发

赵均劳师傅是西凤酒厂5位非物质文化遗产酒海制作传承人之一。已到耳顺之年的他，早从17岁开始就跟着师傅学习酒海编制手艺，进入西凤酒厂也有30多年。

据赵师傅介绍，制作酒海首先要采集上好的荆条。

与西凤酒厂直线距离仅70多千米的秦岭，作为我国黄河流域和长江流域的分水岭，不仅荫庇了八百里秦川的风调雨顺，也孕育出种类繁多的自然植被。

生长在秦岭北麓海拔800米以上的荆条，因质地柔软且韧度较高，是编制酒海的上等材料。

采集的时间通常是在末伏以

后到大雪之前。超过这段时间荆条容易吃虫、蜕皮，这对于要存放几十年甚至上百年的酒海来说，是不允许的。

一个储酒量为 5 吨的酒海，大概需要 500 多斤的荆条来编制。

裱糊：最烦琐也最重要的步骤

原以为，编制酒海外框会是整个制作过程中耗时最长、操作最繁复的，因为即使是 6 个技术熟练的师傅合力编上一个，也需要花上 2 天时间。

但事实上，裱糊酒海内壁还要更烦琐些。

赵师傅给我们列了一串数字：为了便于裱糊，通常是先将 3 张由苟树皮制成的方形麻苟纸黏合到一起，做成一个裱糊层，再贴到酒海内壁进行裱糊。

一个容量 5 吨左右的酒海裱糊

一圈，大概需要 130 多个裱糊层，而整个酒海至少需要裱糊 50 层。

这样算下来，裱糊一个酒海总共需要大约 2 万张方形麻苟纸。若按单张纸计算，实际是裱糊了 150 层，其总厚度能达到 5 ~ 10 厘米。

每糊完一层，都要等到完全晾干，然后才能进行第二道裱糊，如此反复进行 50 次。平均每一层彻底干透约需 2 天，50 层全部晾干需要 150 多天。

之所以说此项步骤最为烦琐，便在于此。这也使得一个酒海从荆条采集到最后入酒，最少需要半年以上时间。

核心的秘密：黏合剂

裱糊之所以繁复，是由其重要性所决定的。

只有做到裱糊层密实无隙，才能保证酒海的储酒功能。由此便不得不提到整个工艺中核心的秘密——黏合剂，也称生物胶。

在酒海制作中，编制和裱糊的技术通常是公开的，而不同酒海最终漏不漏酒，酒体存于其中是否香味纯正，都跟黏合剂的调制息息相关。

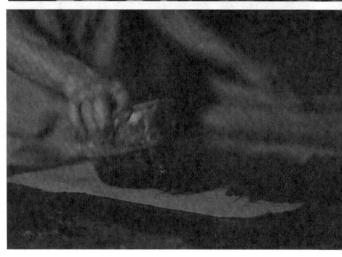

黏合剂主要是由石灰、蛋清及新鲜的猪血根据一定比例调制而成的。如果黏合剂明亮有光泽，则说明调制得比较成功，使用效果也更好。

在裱糊完成后，酒海制作的最后一道工序，是用菜籽油和蜂蜡进行涂封。经酒海储存，酒体中之所以会带有蜜蜡的香气，原因便在于此。

经历如此繁复的精工细作后，一个酒海就正式完工了，并开启它作为储酒容器的重要角色。

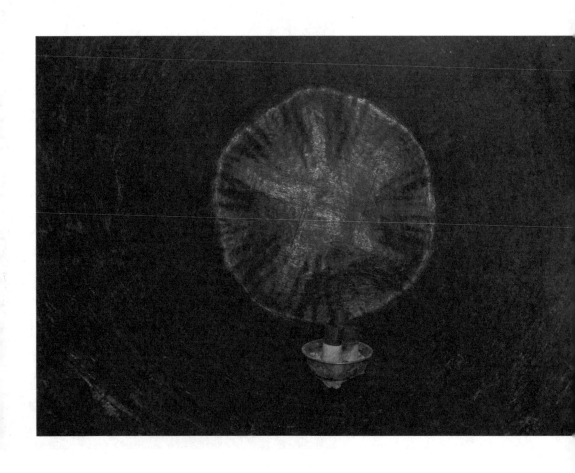

百道工序，百般雕琢，既是成就酒海诸多储酒功能的奥秘，也无形中抬高了酒海使用的门槛。目前拥有大型酒海的酒企，也基本上是以对老酒海的保护性使用为主。

不过，随着酒海的价值逐步走进大众视野，对小容量酒海的定制开发逐渐成为一个新趋势。

目前已知的酒海中，储酒量较大的可达15吨，而最小的仅有5斤。尽管容量小，但这些定制酒海在原料选用和制作流程上，与大体积酒海完全一样。

此外，随着2020年西凤万吨酒海库的开建，在原有老酒海外，还有2 000多个新酒海正在赶制中。

种种信号似乎都在表明，酒海这一凝聚了传统文化和储酒技艺的古老器具，正在迎来新的生命周期。

七张图，感知酒海手作背后的匠心繁复

一件静静矗立的酒海

总能将人们瞬间拉回到对时光的感知中

而制作一件酒海

同样是与时间交手

从选材、编制、裱糊、涂封到最终成品

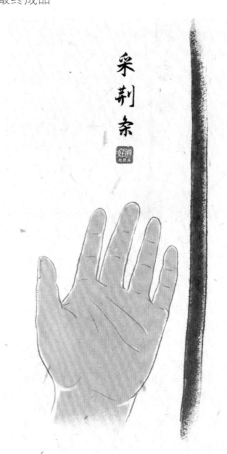

采荆条

好酒
地理局

上百道工序背后
考验的不只是耐性
还有对每个环节的细微把控
酒海制作的首要
是采集上好的荆条
残枝枯荆不选

细枝嫩荆不割
粗细不匀者不用
一米以上、粗细均匀
干茎笔直没有弯结者为上品
即成年人张开手掌
荆条粗细介乎五指之间

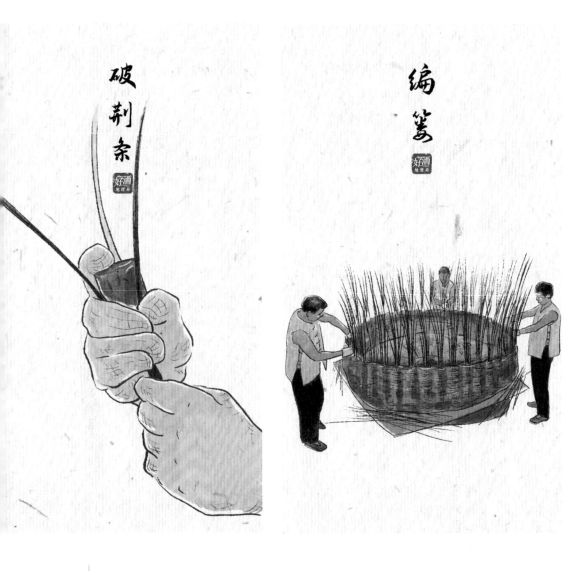

采集好的荆条，先稍稍晾干　　　即可用于编制酒海

捋平枝条，削光杈叶　　　　　　浸泡好的荆条

再用"划划"（一种木制工具）　根据酒笼容量大小

从中间一分为三　　　　　　　　从底部到腰部再到颈部

后经风干、浸泡　　　　　　　　一圈圈编制起来

待荆条吸饱水分后捞出　　　　　通常由多人合力完成

调制黏合剂

裱糊

涂封

储酒

约 3 米

约 2.5 米

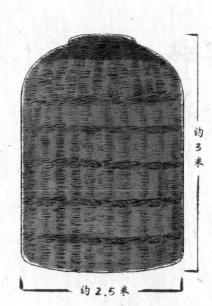

6 位技术熟练的师傅协作

也需花上 2 天时间

酒海制作中核心的秘密

在于黏合剂的调制

各原料的调配比例

是决定酒海是否密实无隙的

关键

也是师傅们不外传的独门秘笈

裱糊是整个酒海制作中

最烦琐的环节

也极需要耐心

一个容量 5 吨的酒海裱糊一圈

大约需要 2 万张麻苟纸

多达 150 层，厚度 5 至 10 厘米

如此才能保证酒海储酒无漏

用菜籽油和蜂蜡涂封

是酒海制作的最后一道工序

操作时需从横放着的酒海中

倒退进行

以保证"海"内洁净

涂封之后，即可入酒

目前已知的酒海中

储量较大者多为 5 至 15 吨

这些酒海从进入酒库、贴好

编号

被固定下来的那一刻起

便几乎不会再有位置上的移动

无论外界沧桑巨变

岁月在它们身上留下的痕迹

只有腹中的酒才清楚

随着时间的流逝

酒与酒海

最终都将走向老熟

是的，就是江南大学

作为江南大学的所在地，无锡在某种意义上却并不"江南"。

宽敞马路、摩天大厦与繁华商圈之间，几乎找不到江南水乡的旧时痕迹。太湖水"包孕吴越"，在江南水乡的柔美、缠绵和强韧之外，赋予了无锡硬朗、开放的地域性格。

近代以来，这里便是实业家的舞台。"实用主义"，也在这里被发挥到极致。

在中国众多"酒城"中，从未出现过无锡的名字——那里并不倚重酒类产业，也未曾出产国家名酒。

但无锡据太湖而特有的地域性格，与历史的巧合相互作用，孕育出中国食品发酵工业的"黄埔军校"。

于是，这座看似与名酒无关的城市，在冥冥之中成为酒业传奇出发的地方。

迁徙

酒业泰斗高景炎的学生时代，曾有一场不期而遇的"迁徙"。

他于1957年考入南京工学院，才刚读了一年，学校忽然传来消息，他所在的食品工业系即将东迁无锡，独立办校。

▲南京工学院时期照片右起：余国俊、于公正、钱慈明、王文中、朱宝镛、杜贵安、陈人喜、朱颐、吴灿

江苏省在 1958 年 8 月 18 日做出这一决定。3 个月后，新学校在无锡原华东艺专的旧址上建成。11 月 17 日，正式开课。

这座看似筹办仓促的新校，实际上汇集了当时食品工业领域的顶尖人才。它被命名为无锡轻工业学院，后发展为无锡轻工大学，并于2001 年经过合并成为今天的江南大学。

现已退休的江南大学教授诸葛健，与高景炎是同班同学。1962 年，他们完成 5 年学制，带着毕业证书驶入不同航道：一个留校任教，一个北上进入北京酿酒总厂从事技术工作。

多年以后，身处不同领域的二人，各自走向事业巅峰：教书育人的诸葛健，成长为中国发酵工程和工业微生物学领域的著名专家；从车间干起的高景炎，成为北京二锅头酒传统酿造技艺第八代传承人，对二锅头酒的发展贡献卓著。

作为踏入无锡轻工业学院的第一批学子，他们所在的1957届发酵1班，堪称"见证历史的一代"。

1988年，无锡轻工业学院编过一本校友通信录，从中可以找到这个班的同学毕业26年后的发展情况：全班30来人，绝大多数在白酒厂、酒精厂、啤酒厂、酱菜厂、酵母厂及相关高校和研究机构等担任要职，其中包括第三、四届全国评酒会黄酒组评委施炳祖，曾任贵州省轻工业研究所所长的丁祥庆等。

那个时期，受过高等教育的技术人员，是实打实的稀缺人才，他们构成了很多酿酒及相关企业的技术班底，推动了酿酒等传统技艺走

▲高景炎　图片来源：红星酒业

向标准化和工业化，进而带来产品质量和生产效率的大幅提升。

早高景炎一年毕业的邹海晏，毕生从事酒精与白酒的教学与研究，著有《酒精与白酒工艺学》《酿酒活性干酵母的生产与应用技术》等专著，为我国发酵工程人才的培育、酿酒行业的技术进步与产业升级做出重要贡献。

比高景炎早两届的陈森辉，后成为江苏双沟酒厂厂长。在他的带领下，双沟大曲在第四、五届全国评酒会上入选国家名酒。

晚高景炎两年入学的季克良，毕业后进入贵州茅台酒厂，成为开展茅台试点时周恒刚所带领的100多名青年技术人员之一。日后季克良又成为茅台的一代掌门和灵魂人物，引领其成长为中国最著名的一家酒企。

在季克良毕业离校当年，无锡青年华正兴考入了这所学校。5年后，他被分到重庆啤酒厂。经过生产一线和不同岗位的历练，最终成为重庆啤酒股份有限公司董事长，带领重庆啤酒股份有限公司走出体制窠臼。

这些在建校头10年内走出校门的技术人才，印证着无锡轻工业学院当年的办学水准。

这一切，离不开老一辈技术专家苦心孤诣的钻研和一颗赤诚的育人之心。当然，背后还有政策导向、

▲季克良 摄影/宁小刚

时代需求、实业家的智慧、地域性格碰撞而出的历史前提。

从"江南大学"到江南大学

后来,人们将无锡轻工业学院视作中国食品发酵工业的"黄埔军校"。

实际上,早在该校创立之前,中国食品发酵学科的火种已经埋在太湖之滨。

1947年,无锡诞生了近现代第一所综合类大学。它由著名实业家荣德生独资创办,取名"江南大学"。

在办学过程中,荣氏家族投入200亿老法币,据说比同期兴建的开源机器厂要高出22%。

这所仅运作5年的私立院校,堪称教育史上的惊鸿一瞥。

▼ 荣德生创办的私立江南大学

▲全国微生物学会莫干山会议（1979）左起：秦含章、陈驹声、朱宝镛

因为开放的治学氛围和尊师崇道的行事作风，多个领域的顶尖人才在此聚集。

1949年2月，在国立中央大学（南京大学前身）任教的秦含章，受聘兼任江南大学农产制造系主任，并讲授土壤学课程。作为中国食品学科技术和酿造技术的拓荒者，他在任教期间编写了一套农产制造系课程，包括全部课程设置。

那时江南大学的老师们，被安顿在无锡荣家老宅中居住。秦含章住在东房，与他对门相望的，便是住在西房的江南大学文学院院长、国学大师钱穆。

在办学理念上，荣德生主张："教育贵在实学"。生源方面，面向全国公开招生，能否入学取决于考试分数。在网罗师资时，将学历作为硬性标准。院系设计上，设文学院、农学院、工学院——朱宝镛便在这里创立了中国第一个食品工业系。

与秦含章一样，朱宝镛也是留洋归来的技术专家。1931年，他在日本留学期间，因"九一八"事变爆发而退学抗议。后赴法国著名的巴斯德学院，随又转入比利时布鲁塞尔国立发酵工业学院，获得生物化学工程师学位。

1936年回国后，朱宝镛受聘烟台张裕公司担任工程师和厂长。可没过多久，山东在抗日战争中沦陷，离任后的朱宝镛转而投身教育，曾赴西北联大、四川大学、同济大学等高校任教。1949年下半年，他受聘进入江南大学，接替赴任北京的秦含章主持江南大学农产制造系。

入校之后，朱宝镛引入美国麻省理工学院食品工程系和苏联食品工业学院的教学计划，并赴京向原高教部、食品工业部汇报，于1950年将农

▲ 留学比利时的朱宝镛

产品制造系改为食品工业系——新中国第一个食品工业系就此诞生。

1952年，在高等学校院系调整的浪潮中，江南大学食品工业系与南京大学、浙江大学、武汉大学、复旦大学等有关院系合并为南京工学院，朱宝镛任发酵研究组主任。

同年，他开设了中国第一个发酵工学专业。在讲授酿酒工艺学课程时，因为啤酒、葡萄酒酿造工艺当时还没有中文教科书，于是耗时一年，编写了中国第一本《啤酒工艺学》讲义，

◀南京工学院食品工
业系前辈（1958）
前排左起：傅健生、
沈学源、黄本立
后排左二起：檀耀辉、
朱宝镛、陈舜祖

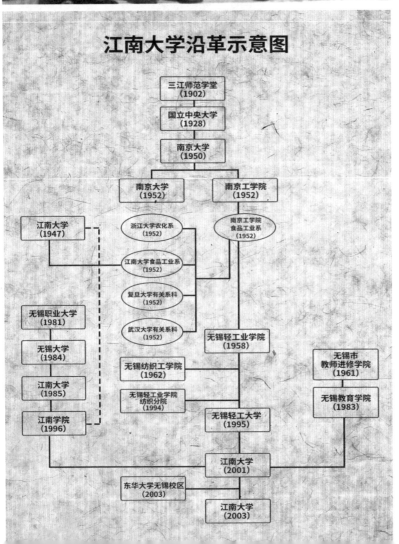

江南大学沿革示意图

三江师范学堂
（1902）

国立中央大学
（1928）

南京大学
（1950）

南京大学
（1952）

南京工学院
（1952）

江南大学
（1947）

浙江大学农化系
（1952）

南京工学院
食品工业系
（1952）

江南大学食品工业系
（1952）

复旦大学有关系科
（1952）

无锡职业大学
（1981）

武汉大学有关系科
（1952）

无锡轻工业学院
（1958）

无锡大学
（1984）

无锡纺织工学院
（1962）

无锡市
教师进修学院
（1961）

江南大学
（1985）

无锡轻工业学院
纺织分院
（1994）

无锡教育学院
（1983）

江南学院
（1996）

无锡轻工大学
（1995）

江南大学
（2001）

东华大学无锡校区
（2003）

江南大学
（2003）

总计 20 万字。随后又编写出 10 万字的《葡萄酒工艺学》讲义。

1958 年，南京工学院在成立六年后被拆分。主体留在南京，后发展为今天的东南大学。食品工业系则东迁无锡，组建为无锡轻工业学院，朱宝镛任教学副院长。

此后数十年，这所院校源源不断地输出人才，为酿酒等相关产业的发展贡献了科技力量，并于 2001 年与江南学院、无锡教育学院合并，建立新的江南大学。

从昔日的私立江南大学，到今天的江南大学，勾勒出中国食品工业发酵学科的演进路线。

在如今江南大学生物工程学院一楼大厅，树立着朱宝镛先生的塑像，用以勉励莘莘学子。现任江南大学副校长徐岩，曾和科研团队成员在朱宝镛先生的塑像前合影。

一张照片，印证了几代学人的薪火相传。

▲徐岩（前排左四）

▶朱宝镛参加徐岩硕士答辩

徐岩与江大 40 年

从 1980 年考入无锡轻工业学院，徐岩已在这所院校度过了 40 年光景。

在这里，他从本科一直读到博士，毕业后又在学校任教。朱宝镛先生曾是他的研究生导师。

很多年过去了，徐岩仍记得沈怡方先生当年的一句话："你们大学搞的白酒研究，跟我们说的研究不是一码事。"

最初的感受还不是那么强烈，但随着科研的深入和对产业理解的加深，徐岩愈发感觉到：高校里的研究，很多是从文献开始的，但对发酵工程学科而言，真正有意义的研究成果必须从实践中来，科研成果能否有效指导实践，解决产业发展中的难题，引领产业升级，是一个至关重要的命题。

徐岩生平第一次见到白酒生产，是在陕西西凤酒厂。

那是 1987 年，中国白酒专家第一届理事会在西安召开会议。26 岁的徐岩在会议期间参观了西凤酒厂，并在会上初识高景炎、沈怡方等老一辈技术专家。

同样是在这次会上，徐岩的科研项目受到古井贡酒领导的肯定与赏识。次年，正在攻读研究生的他，前往古井开展技术研究。

此时距第五届全国评酒会不到 2 年时间，名酒企业都在快马加鞭地提升质量。在正式前往古井之前，徐岩和几位技术人员，开始了一次耗时 40 天的"长途旅行"，参观和调研了全国很多重要酒厂。

他仍记得当时的行程：先从无锡抵达上海，再从上海乘火车前往桂林。在参观桂林三花酒厂时，接待他们的是三花酒总工程师夏义雄。

调研期间，正好赶上桂林发大水，洪水冲毁铁路，他们只好改乘飞机。那是徐岩第一

▲ 沈怡方

次坐飞机，目的地是贵阳。

在贵阳当地拜访了一家酒厂后，几人又乘火车前往遵义。董酒的高级工程师、国家评委贾翘彦接待了他们。

董酒之后便是茅台。徐岩仍记得，"当时在茅台待了两天，而且醉得不得了"。

在那里，徐岩一行人见到了当时茅台酒厂科研室主任徐英。她是季克良的夫人，也是无锡轻工业学院的早期毕业生。

离开茅台，便沿着赤水河前往泸州，并在那里，见到了时任泸州老窖副厂长的任玉茂。这位技术专家也是徐岩的同门师兄，他于1960年考入无锡轻工学院，1965年走出校门，比季克良小一届。

看完泸州老窖，又赶往宜宾参观五粮液，后辗转重庆，前往北京。最后一站是烟台，他们在那里参观了张裕白兰地酒厂。

关于这次旅途中的所见所闻，以及那些在酒厂潜心钻研的人们，徐岩至今记忆犹新。很难说具体是哪句话、哪个人影响了他，但确实有一些东西，在他的心里留下烙印。所谓传承，或许也存在于这种潜移默化的浸染中。

从1988到1990年，徐岩往返于学校与古井酒厂，还因为大部分时间在酒厂里潜心科研，躲过了期间的一场风波。

在往后的日子里，徐岩一直坚

信，白酒作为一个传统产业要实现可持续发展，就必须依靠科技，实现工业化、数字化和可控化；但因为白酒的特殊性，绝不能机械地复制国外的工业化模式，必须是在传承的基础上，向工业化的道路行进，"确保这一传统行业焕发持续生命力，两者舍弃任何一个都不行"。

也因此，对于白酒研究，徐岩认为"绝对不能光在象牙塔里搞论

文"，而是要走进车间、走进白酒厂的科研所，"做能真正解决问题的研究"。

2005年，应时任茅台集团董事长季克良的邀请，徐岩赴茅台酒厂进行"茅台酒风味物质解析、微生物研究"。现在来看，此举不仅对于茅台风味稳定从经验走向科学做出了突出贡献，更是在白酒行业内掀起了第一波白酒研究浪潮。

以此为基础，2005年后，中国白酒技术进入系统性的发展阶段，中国白酒行业的两个重要计划（169计划、158计划）浮出水面，全方位规划白酒技术的发展趋向，引导企业加快实施科技创新和技术改造。

也是从那时候开始，江南大学领衔的中国白酒研究从微量组分研究的"分析化学"层面全面提升到"风味化学"阶段，风味定向分析技术成为白酒研究的主流。

"我们研究发现，一滴白酒中含有1 000多种微量成分，但这些成分只占到总量的2%左右，"徐岩解释，"过去我们的主导思想是，这么多微生物中，哪个微生物种类多哪个就重要。确立了以风味为导向的指导思想后，思路就变成了哪个微生物制造风味哪个就重要，要强化风味就可以通过强化这一类微生物来实现，让整个过程向着可控的方向发展。"

在多年的研究与实践中，一个针对白酒产业的"产学研"思路正式被提上日程。

校企协同创新实验室

	贵州茅台集团	混菌传统发酵创新实验室
	光明乳业股份有限公司	乳品科学创新实验室
	四川省宜宾五粮液集团有限公司	微生物组学与生态发酵技术创新实验室
	浙江古越龙山绍兴酒股份有限公司	黄酒酿造创新实验室
	无限极（中国）有限公司	益生菌创新实验室
	浙江五芳斋实业股份有限公司	食品创新实验室
	华熙生物科技股份有限公司	功能糖生物制造创新实验室
	广州广电计量检测股份有限公司	食品安全创新实验室
	佳格集团	营养科学创新实验室
	北京秋实农业股份有限公司	食品胶体创新实验室
	上海励成营养科技有限公司	营养干预与特医食品创新实验室
	江苏广信感光新材料股份有限公司	光聚合材料创新实验室
	广东洛克流体技术股份有限公司	传统发酵创新实验室
	苏州硒泰克生物科技有限公司	益生菌微营养创新实验室
	无锡金农生物科技有限公司	粮食安全创新实验室
	江苏瑞霆生物科技有限公司	皮肤健康护理创新实验室
	江苏拜明生物技术有限公司	医药诊断创新实验室
	上海农乐生物制品股份有限公司	生物环保创新实验室
	华大（镇江）水产科技产业有限公司	水产品精深加工创新实验室
	无锡食品科技园发展有限公司	健康食品创新实验室

今天的江南大学的校园里，矗立着一座高 7 层、占地 2.2 万平方米的大楼，名叫"江南大学协同创新中心"。

从外面看起来，它和其他的教学楼并无二致，内里却是别有乾坤。一进门，右手边一面墙上悬挂着的 24 个企业标识，无声地宣告着这栋楼里每一个物理模块空间的归属，茅台、五粮液都在其中。

客观来看，20 世纪 80 年代入学无锡轻工业学院的一代，构成了今日江南大学发酵工程和食品科学等领域的中坚力量。除了徐岩，江南大学现任校长陈卫、前任校长陈坚，均于 20 世纪 80 年代进入江南大学攻读。

站在老一辈专家的肩膀上，这些教授和科学家们，将白酒科研推向更深的层面。很多过去以为的不可能，如今都已成为现实。

在他们之后，更年轻的学子也已在学界和不同领域崭露头角。比如 1991 年入学的李寅，在这所院校一直读到博士，如今已是中国科学院微生物研究所研究员、博士生导师。

无锡印记

　　众所周知，江苏省是高等院校聚集的重地。仅省会南京，便汇集了南京大学、东南大学、南京航空航天大学、南京理工大学、河海大学、南京农业大学、中国药科大学、南京师范大学 8 所 211 院校。其中，南京大学、东南大学均为 985 院校。再加上苏州大学和坐落在徐州的中国矿业大学，真可谓"群星闪耀"。

　　江南大学能在这个名校扎堆的省份占据一席之地，与无锡在苏州、扬州、南京等历史名城之侧混出名堂，有着很多相通之处。

　　作为江南大学的所在地，无锡在某种意义上却并不"江南"，至少不符合很多人印象中的江南。

　　第一次到无锡市区，你会发现，宽敞马路、摩天大厦与繁华商圈之间，几乎找不到江南水乡的旧时痕迹。太湖水"包孕吴越"，在江南水乡的柔美、缠绵和强韧之外，赋予了无锡硬朗、开放的地域性格。

50 千米之外，苏州古城区仍保持着"街道窄窄，房屋矮矮"的古朴景象。为了保护城区的古韵，苏州在市政规划时曾出台一项规定：古城区的所有建筑，限高 24 米，也就是当地人口中"不超过北寺塔 3 层的高度"。

无锡则不然。从薛福成到荣氏兄弟，近代以来，这里便是实业家的舞台。"实用主义"，也在这里被发挥到极致。早在 100 多年前，无锡就开始酝酿城市改造。

1912 年，荣德生提出："要辟大街市，不可不拆墙。"这与他后来在教育上主张"要在实用门径上着想，使学有所用"如出一辙。

1926 年、1946 年，无锡曾两次提出拆城方案。1947 年，西城门被拆掉。到了 1950 年，老城区终被彻底拆除。

在拆城之前，那些曲折蜿蜒的河道，已经被填平。今天无锡的主干道中山路，昔日便是一条流淌千年的河流。

在古城的废墟上，无锡建立了现代城市格局，现代产业、现代商业应运而生。

发达的经济也孕育了近代教育的繁荣。钱钟书等学跨东西、被现代思想充分浸染的新一代知识分子便在这里悄然成长。

"是无锡的实业家与新一代文人一起重塑了无锡的气质。"《三联生活周刊》前任主编朱伟曾说。

他还将无锡的独特描述为："据太湖而有的冲决江南曲巷深处的态度。"

实际上，无锡本就有着兴文重教的传统。

当年拆城时，有不少旧宅作为学校、医院等公共设施而被留存，虽历经沧桑，格局却依然完整。

因一副对联而天下闻名的东林书院，在无锡当地更多是被称作东林学堂。那里后来演变为东林小学，一直是在旧址，21世纪初才搬迁。少年钱钟书就是在这里度过了小学时代。

由著名教育家创办的无锡国学专修学校（以下简称无锡国专），培养出钱仲联、吴其昌、蒋天枢、唐兰等一大批学问大家。从时间来看，比清华大学研究院还早，后期有一些学生就进了清华大学研究院。人们后来发现，无锡国专和清华大学所培养的人才，几乎支撑起中国文史哲的天下。

很难想象，这所对中国现代大学产生重要启示的学院，诞生在既非古都也算不上历史文化名城的无锡。

一座城市的气魄，影响了教育的发展。正如今天江南大学对中国食品发酵工业的影响，应验了当年荣德生所倡导的"在实用门径上着想，让学有所用"。

或许我们可以认为，那是被太湖水涤荡70多年后特有的无锡印记。

注：本单元所涉江南大学不同历史时期老照片，均来自江南大学生物工程学院。

参考文献

[1] 季克良.季克良：我与茅台五十年[M].贵州：贵州人民出版社，
　　2017.

[2] 杨丽凡.含章可贞——秦含章传[M].上海：上海交通大学出版社，
　　2013.

当然是川酒

　　自 20 世纪 80 年代初开始，浓香型白酒以其独特的香气和口感，在产销领域快速崛起，成为获得国家、部、省各级名酒和优质酒比重最大的产品香型。

　　那段时间，因为川酒的技术走在前面，"向川酒看齐"几乎成了全国各浓香型酒厂的统一目标。当时，一趟趟火车往返于四川与其他省份，火车上载着四川的黄泥、窖钉、麻绳，甚至菌种。

2020 年 10 月 16 日，趁着曾老 90 岁寿辰，学生们为这位四川白酒界最具权威的老专家筹办了一场"曾祖训高工从业 70 年学术研讨会"。

放眼望去，除了同为泰斗的四川大学食品与发酵工程研究所教授胡永松、著名酿酒专家李大和外，现场还有剑南春总工程师徐占成、水井坊原总工程师赖登燡、泸州老窖股份有限公司副总经理张宿义、郎酒股份有限公司常务副总工程师沈毅、舍得酒业生产基地副总经理余东、五粮液产品研发部副部长代春，以及丰谷、文君、三溪、古川、小角楼、叙府、江口醇、仙潭、金雁、玉蝉等酒厂的上百位川酒技术中流砥柱。

用"人丁兴旺"来形容川酒的技术力量，再合适不过。

▲ 曾祖训

早从 20 世纪 50 年代以来，在浓香工艺梳理、人工老窖技术、白酒勾调、生态酿酒以及人才培育等方面，川酒均扮演着开天辟地的角色。

无数新技术、新概念在这里发源，进而向全国扩散，甚至全国白酒行业有 80% 以上的技术人员都曾问道川酒。

为什么四川的白酒专家最多？

为什么浓香型白酒从这里发源？为什么川酒成为今天的川酒？

诸多故人与往事掩于历史，你所认识的川酒，或许还不是完整的川酒。

拓荒人

陈茂椿之前,四川没有白酒专家。

这得从抗日战争时期说起。

▼ 陈茂椿

当时，地理位置偏远、易守难攻的四川被选作抗战大后方，大批机关、学校、工厂内迁到此。

由于资中、内江一带糖蜜资源丰富，陕西咸阳酒精厂就把糖蜜酒精生产线迁到了资中银山镇，成立"资中酒精厂"。

不断加剧的战事导致中国沿海交通被封锁，汽油进口渠道也被切断。进口汽油进不来，酒精尤其是后来研发的无水酒精，就成了最好的燃料替代品。

现在内江市档案馆里还存放着一则《对无水酒精全供航空委员会的训令》，其中写道："前据称资源委员会在四川制造一种无水酒精，可作飞机汽油之用。该项酒精应全由航空委员会承购全数。希转饬遵照。"

因为需求旺盛，1938—1940

▲资中酒精厂

年间，官商在川开设的酒精厂不计其数。抗战期间，资中酒精厂共生产4 000多万桶酒精（每桶160千克），源源不断地经沱江河及成渝公路运往全国各地作军用动力燃料，支援前线抗战。

在特殊的历史背景下，川酒就这样迎来了一段特殊的发展机遇。

这离不开资中人陈茂椿。

1936年，25岁的陈茂椿毕业于北京大学化学系，曾师从微生物学先驱魏嵒寿。魏嵒寿的学生中，还有两位后来也成为白酒行业泰斗，一位是秦含章，一位是方心芳。

抗战爆发时，学成归来的陈茂椿正在家乡的中学当老师。

面对几近瘫痪的汽车运输，"科技救国"成为陈茂椿等人的当

▲资中酒精厂无水酒精生产设备

务之急。

赴日本早稻田大学，东京盐酸厂、精糖厂、啤酒厂以及台湾地区各个糖厂、酒厂实习考察过的陈茂椿知道，糖蜜发酵可以产生酒精，但这还不足以堵上燃料缺口。

由于四川本就有酿酒的基础，陈茂椿便将蒸馏设备加以改造，成功地把60度的白酒提纯为90度的酒精。

当时的四川省教育厅厅长郭有守，也是资中人，他注意到这一成果后，便与时任四川省建设厅厅长的何北衡联系，由经济部资源委员会与建设厅共同投资10万元，邀请魏喦寿与陈茂椿进一步研究完善，研制出能用作飞机燃料的无水酒精。

无水酒精惊动了当时的政府，于是才有了前文那则《训令》。

也是在这段时期，陈茂椿开始频繁奔走于各大酒厂，从此与白酒结下不解之缘。

在那个年代，酒厂几乎没有理

论知识可言，一切全凭经验。随着陈茂椿对白酒行业的深入调研，划时代的改变开始悄然酝酿。

1951年，陈茂椿到西南工业部重庆工业试验所糖酒研究室任副主任，这个研究室，后来演变成了在川酒发展过程中起着重要作用的四川省食品发酵工业研究设计院（简称"食研院"）。

1957年，"永川小曲酒查定总结"试点工作开始，汇集了来自14个省的158名技术相关人员，陈茂椿任技术室主任。项目针对四川糯高粱小曲酒的生产工艺，进行了系统的查定总结，使糯高粱小曲酒淀粉出酒率提高了20%。

1958年发行出版的《四川糯高粱小曲酒操作法》，把川法小曲酒的先进技术推向了全国。

那是川酒首次向外进行技术输出。

陈茂椿广为人知的两大贡献，都是在泸州老窖创造的。

《四川省曲酒生产技术发展的回顾》曾记述：1957年，15个单位的59名工程技术人员、工人、生产管理干部，在泸州老窖的前身泸州曲酒厂，组成"总结四川泸州老窖大曲操作法"试点组，陈茂椿再任技术室主任，开展查定工作。当时，赖高淮已经从抗美援朝的战场归来6年，正担任泸州曲酒厂的总工程师。

试点工作首次对浓香型大曲酒进行了系统的总结查定，编写了中国第一本白酒酿造专业教材《泸州老窖大曲酒》。这些技术资料也成为后来泸州老窖申报国家非物质文化遗产的重要史料。

这次试点从 1957 年 10 月开始，比更为著名的汾酒试点和茅台试点还要早上几年。

1964 年，汾酒试点和茅台试点（茅台在 1959 年先进行了为期一年的实操查定总结）先后开展起来，前者以时任轻工业部发酵所所长秦含章为首，后者以时任轻工业部食品局工程师周恒刚为首。

汾酒试点光是总结整理出来的文字材料就有 1 000 多万字，为后来清香型白酒的技术研究奠定了基础；茅台试点则揭开了茅台酒酿造的许多千古之谜。

可以说，泸州老窖进行的工艺试点拉开了中国白酒史上三大基本香型工艺试点的序幕，并首开中国名白酒科学化研究与发展的先河，传统酿造工艺只能靠心

口相传的时代从此终结。

　　这也是川酒天下的萌芽。

　　如果说这次试点完成了浓香型白酒最初的工艺梳理，那么"人工培窖、新窖老熟"技术的出现，就是真正奠定了浓香型白酒在全国范围内快速普及的基础。1965年前后，四川省食品研究所（食研院前身）、中科院西南生物所（现成都生物所）和泸州曲酒厂、五粮液酒厂、成都酒厂、文君酒厂等多家酒厂，共同参与了"泸州老窖大曲酒酿造过程中微生物性状、有效菌株生化活动及原有工艺的总结和提高"课题研究。

　　虽然项目进行到第三年就被迫中止，但陈茂椿等人揭开了百年老窖之谜，研制出人工老窖配方，并得到分层蒸馏、量质摘酒、双轮底发酵、醇酸酯化新工艺等一系列成果。

五粮液目前仍在使用的跑窖循环、分层入窖、分层起糟、双轮底发酵、分层蒸馏、量质摘酒等生产工艺，在当时都是提高酒质的极有效措施，也为全国各地名优浓香型酒厂所普遍采用。

到了20世纪80年代，白酒江湖里流传着各种各样的酿酒配方，都说是正宗的"川酒配方"，而这样的混沌状态，却让川酒有了燎原之势。全国各地的浓香大省，大多都有过一段模仿川味的发展阶段，足见川酒对白酒行业的影响。

此时，耄耋之年的陈茂椿已是功成身退，又一代川酒专家走向前台。

川酒四老

如果要编一部川酒技术史的话，资中值得成为浓墨重彩的一章。

和陈茂椿一样，曾祖训也是资中人。

在陈茂椿进入白酒行业10多年后，彼时远在内蒙古的曾祖训也阴差阳错走上了这条路。

20世纪50年代的内蒙古，上下一片赤贫，穷得连包洗衣粉也没有，但工业资源很丰富。

陈茂椿那个年代，是为中华之崛起而读书的年代，所以他成为川酒专家第一人是在特定历史下的拓荒。比陈茂椿晚出生20年的曾祖训，则碰上了知识分子建设祖国

▲ 曾祖训

▲金佩璋（左）、曾祖训（中）、沈怡方（右）

的时期，"国家指哪儿我们打哪儿，没有愿不愿意，也没有想不想"。

1953年秋天，23岁的曾祖训从四川化工学院毕业，坐着绿皮火车出发，辗转来到内蒙古。与他同一方向的，还有毕业于上海华东化工学院的沈怡方和金佩璋。

当时的内蒙古，一场风能从秋天刮到第二年春天，每日飞沙走石，不仅气候难以适应，还有睡觉的地方、吃的东西、搞研究的环境……曾祖训几十年后回忆起来依然感叹道："苦得不得了。"

同批到内蒙古的，有11个大学生。因为受不了这样的苦，有一对情侣来了两个月之后，就在半夜里跑回了内地。

剩下的9个年轻人，成为那片辽阔土地上第一批用科学化方式搞工业的人。

后来沈怡方回忆道，当时的领导怕留下来的大学生都跑了，自己和金佩璋才到内蒙古半年，就被催着结了婚，因为成家，就意味着扎根。

就在众人刚到内蒙古不久，上级宣布说不建造纸厂了，要成立工业试验所。于是，学造纸出身的曾祖训，被分到了并不太对口的分析室，沈怡方去了工艺室，金佩璋则进了日化室——内蒙古的第一包洗衣粉就是从她的实验室出来的。

"内蒙古的工业杂，我们的分析也杂，但是技术人员少，只要派得上用场，就把你拉出去顶着。"曾祖训说，他研究过白酒、乳制品、盐巴、土壤等，甚至村民家的牛吃了油豆饼撑死了，找不到原因，也要请他们去研究一番。

他们几人，在彼时的内蒙古属于国宝一样的存在。1957年，才24岁的沈怡方和金佩璋月薪就都达到了101元。按照国务院1956年制定的24级干部工资标准，国

► 沈怡方与金佩璋

沈怡方、金佩璋夫妇近照

家主要领导人为 1 级，拿 594 元月薪，101 元属于 17 级，相当于正科。一张来自 1956 年的发票显示，当时邯郸市的旅馆住宿费为 1.2 元／晚。

当时，内蒙古有十几家酒厂，大一点儿的县基本上都有酒厂。

突然有一天，有个村子发生了白酒中毒事件，很是闹了一阵。曾祖训等人分析后发现，原来当地酒厂储酒容器是用锡做的：一种是 99% 的锡加 1% 的铅，另一种则是 95% 的锡加 5% 的铅，后者容易导致铅中毒。

"那是在 1956 年，就是这件事，将我卷进了白酒行业。"

曾祖训后来发明的"点滴测试法"，就是用于检测白酒中铅含量是否超标，或许这也和他进入白酒行业有些渊源。

那年，试验所从日本引进了一台气相色谱仪，是国内最早的一批，北京分析仪器厂 1963 年才研制出中国第一代商品化气相色谱仪。开始，曾祖训用气相色谱来分析石油，后来创造性地运用到白酒分析

上，使国家对白酒成分的分析有了标准，他也因此被称为"白酒分析鼻祖"。

当时经常能看到曾祖训和沈怡方在全国各地搭班子讲课的身影，前者讲分析，后者讲工艺。

直到 1985 年，曾祖训调回四川，出任四川酒类科研所所长和四川省白酒专家组组长，才结束了在内蒙古长达 32 年的研究生涯。沈怡方和金佩璋也早于 1981 年挥别内蒙古，去了江苏，开启另一片白酒天地。

曾祖训回到四川时，胡永松时任四川大学生物工程系主任，庄名扬在中国科学院成都生物所，李大和在四川省食品发酵工业研究设计院。这四个人，后来在四川白酒领域被尊称为"川酒四老"。

四个单位相互独立，又紧密联系，共同经营着川酒大繁荣前的 10 年。

2020 年正好 80 岁的李大和，是"川酒四老"中最年轻的。

见到李大和的时候，是一个寒冬里的星期天。他坐在朴素的办公

室里，一应物品都是老家什，带着岁月的痕迹，电脑面前不是键盘，而是一台汉翔大将军牌手写板。

李大和的所有论文都是先写在纸上，再用手写板录入电脑。同一款手写板，他从 20 世纪 90 年代就开始用，已经用坏了好几台。

他的办公桌对面，是儿子李国红的办公桌。子承父业，李国红也投身白酒行业，同样被人们尊称一声"李高工"。

只听李大和讲的正宗成都话，压根儿找不到一点儿广东口音的影子。

年轻时从广东中山来到四川，因为川酒成为川人，李大和就一直留在了四川。

和川酒有关的文献，多数是李大和写的。他擅于梳理和总结，至今仍笔耕不缀。截至目前，他已经出版了 10 余部著作，科研 10 项，发表论文近 100 篇。

庄名扬也是年轻时候就

从江苏来了四川，但与李大和不同，他常说着"混合型"的江苏话、四川话和普通话，以至于很多人时常听不大懂这位严肃的老专家的口音。

算起来，庄名扬是陈茂椿的师弟，他1966年毕业于北京大学化学系。

据后辈们回忆，庄名扬是个原则性极强的人，有关学术的事情眼里揉不得沙子，"只要有错误，哪怕当着领导他也要发飙"。出身北京大学的庄名扬，理论基础非常扎实，授课也从来不看讲义。

几十年间，庄名扬在白酒健康、风味体系、微生物应用等方面的研究成果，为中国白酒传统工艺的传承和创新奠定了理论基础，著有《浓香型低度大曲酒生产技术》和60多篇科技论文，获奖更是不计其数，不断推动泸州老窖、水井

◀ 李大和

坊等企业的生产技术进步。

和前面三位不同，胡永松是这些中性单位里唯一一个学院派。

白酒行业著名的"水、土、气、气、生"理论，就出自胡永松。他还第一个提出"生态酿酒"的概念。2008年，四川省委省政府发布的"建设长江上游名酒经济带，打造中国白酒金三角"战略，其实就是基于生态酿酒的理念。

据说，在1979年的第三届全国评酒会上，上届名酒全兴大曲意外落榜，四川省着急了，便网罗人才对全兴的工艺进行梳理总结，于是才有了以四川大学胡永松为代表的学院派专家进入白酒研究的契机。后来的两届评酒，全兴大曲都榜上有名。

▲庄名扬

那个年代的人，做什么事，一做就是一辈子。

这几位老专家都是一脚踏入白酒行业，就再没离开过。

直到今天，年过 90 岁的曾祖训，依然用"我现在的工作"来形容自己在做的事。他提出的低醉酒度、白酒酸度、白酒体验经济等概念，还在影响着白酒行业。

川酒的土壤

川人善酿的故事，归结起来其实是天时、地利与人和的交织。

对比全国各省份，早年间四川的白酒专家几乎是最多的。第五届全国评酒会的 44 名评委里，有 10 名来自四川。

究其原因，还是四川酒多且酒好，让一大批技术人才有施展发挥的空间，有成长的土壤。

这种土壤，不仅仅是得天独厚的酿酒生态环境。

自古以来，四川就有很好的酿酒氛围。

历朝历代，为防止酒业与人争粮，朝廷都或多或少限制酒业发展。甚至北宋初年，赵匡胤曾下诏"百姓私曲十五斤者死"。

在全国上下都"禁酒"的时候，川酒却是例外。一是四川盆地粮食富足；二是"蜀道之难"让历代朝廷的政策很难贯彻，身处偏远，却得来"驰禁酒"的机会。

中华人民共和国成立以后，四川白酒开始实行产销合一体制。1963 年，国务院《关于加强酒类专卖管理的通知》下发后，全国均形成由酒类轻工业管理部门管生产、商业主管部分管流通的格局，唯独四川一直实行产销合一体制，白酒专业生产企业统一归商业主管。

在特定的历史背景下，轻工部下属的白酒科研，更加关注如何节约粮食、提高产量，所以清香型白酒率先起势。

远离政治中心，或许也是川酒科研更注重质而非量的原因。

另一方面，川酒的发展过程又始终伴随"上层建筑"的影响。

1956 年，周恩来总理组织制定的《1956—1967 年科学技术发展远景规划纲要》中，泸州老窖大曲与茅台的酿造工艺被列为重点研究课题，与原子弹、氢弹和火箭并列在一个纲要内。酒，那时候被冠以"精神原子弹"之称。

四川省政府层面，也始终有帮扶白酒发展的传统。

1981 年，全国组建了中国食品工业协会。次年，四川随即组建了带有政府职能、由副省长管学思兼任第一任会长的四川省食品工业协会，相继推出"食品工业大家办，大发展"的口号，大家纷纷筹资大办酒厂。

◀ 20 世纪 70 年代评酒现场

加之改革开放的浪潮，到1985年，全省白酒厂由1978年的200多个猛增至13 502个，年产白酒达到101.80万吨，比1978年增长约4倍，分布于各个领域和系统。当时在泸县等地，高峰时曾建有300多个酒厂，有些地方还广为流传"要当好县长，先办好酒厂"之说。

人们戏称四川发了几年"酒疯"。

山东人管学思也同庄名扬、李大和一样，以外来人的身份为川酒发展做出重要贡献。此后，四川省食品工业协会便一直由分管工业的副省长兼任会长，这种支持白酒产业发展的力度在当时为全国仅有。

▶陈茂椿（左二）在五粮液研讨技术

当时的四川省财政厅厅长还专门拨款修了四川食品大楼，是全国唯一一个为协会修了一栋楼的省份。

这种由上至下的特色，还体现在四川领导人对人才的重视。管学思曾为陈茂椿题词："学精研深，勤奋求实，为川酒技艺的提高与发展做出了突出贡献。"1997年原省委副书记杨超也曾言，陈茂椿此人"学精研深，无私奉献"。

曾祖训回到四川前，时任四川省酒类专卖局局长还悄悄前往内蒙古请过他。尽管那时候川酒已经众花齐放，但四川对可能落后于人始终有一种危机感，于是不远千里请回曾祖训，夯实技术力量。

在企业层面，名酒众多是川酒无可争议的优势；而名酒，多出大师。

"川酒四老"之后，川酒专家更多来自企业，尤其是"六朵金花"。例如，生于20世纪40年代的徐占成、赖登燨，20世纪50年代的范国琼、杨大金，20世纪60年代的沈才洪、李家民，还有如今以张宿义、沈毅为代表的中青代专家。

1979年第三届评酒会前夕，剑南春想在厂里选出人才来，先考国家评委，再调出要拿去参评的产品。当时还是仓库管理员的徐占成，酷爱喝酒，在品酒一事上颇有天赋，就被选中去五粮液酒厂跟着大师范玉平学习。

学了三个月回来，徐占成调出了剑南春，也考上了白酒国家评委，成为四川省第一个白酒国家评委。

放在今天，一个酒厂的技术人员是很难去另一个酒厂"进修"的，在当时却是很平常的事。计划经济体制和酒类专卖的背景下，酒厂之间并无太深的利益冲突，政府指导下的成果共享是常态，反倒促进了各企业之间的活跃交流。

多方面的原因，共同塑造了今天的川酒。

川酒向全国走了三步

川酒影响力向全国扩散的过程，或者说浓香型白酒从四川走向全国的过程，大致有三个阶段。

最早是技术先走出去，然后是人，最后才是酒。

自20世纪80年代初开始，浓香型白酒以其独特的香气和口感，在产销领域快速崛起，成为获得国家、部、省各级名酒和优质酒比重最大的产品香型，清香型白酒曾经的"一统天下"逐步被动摇。

那段时间，因为川酒的技术走在前面，"向川酒看齐"几乎成了全国各浓香型酒厂的统一目标。当时，一趟趟火车往返四川与其他省份，火车上载着四川的黄泥、窖钉、麻绳，甚至菌种。

各地酿出来的酒，却与川酒风味大相径庭。直到20世纪90年代后期，人们才意识到，照搬照套川酒的酿造技术是行不通的。

虽然川酒的风味无法复制，但是以范玉平为主研发的勾调技术实实在在地复用到了全国。

在相当长的历史阶段中，白酒是以散装销售为主，基酒生产出来直接加浆或水就对外出售。

直到 1958 年，当时的范玉平还不是大师，只是保管员小范。每当客人品完酒后，剩下的酒不敢浪费，便收集起来装进酒瓶。

某天，范玉平无意中打开一瓶"混合酒"，竟发现这酒的滋味比以

◀ 五粮液酿酒大
师勾兑现场

往更加绵长、浓郁。随后他又打开几瓶，皆是如此，并且每瓶味道还不一样。

就这样，中国白酒迎来勾兑时代，即是将同一类型、不同特征的酒，按不同比例进行调和，以达到口感的优化和稳定。

这一意外发现，也让范玉平成为中国第一位勾调师。后来引领川酒走上行业巅峰的名酒五粮液，就是范玉平的手笔。

及至20世纪80年代，勾调已逐步成为白酒生产中一道独立的环节。五粮液还将人工勾兑与计算机勾兑结合，创造了中国白酒勾兑史上独一无二的"勾兑双绝"，川酒尝评勾兑技术迅速向全国推广。

技术上的领先，让川酒专家的身影频繁活跃在省内外。

省内，四川曾经涌现出一大批"星期天工程师"，一些大型酒厂的工程师利用周末到中小型酒厂指导技术，或者被聘为技术顾问。还有一种情况，就是企业技术人员成批走进四川大学等院校，以委托培养的方式学习理论知识。

省外，研究所、院校等中性单位的川酒专家，在1992年计划经济束缚逐步被打破后，纷纷去往全国各地酒厂做指导。特别是各科研院所改制后，经济因素成为专家们进入省外酒厂的一大动因。

这一时期，无锡的江南大学还以啤酒为主要优势，西北农林科技大学和中国农业大学的强项是葡萄酒，而四川大学、四川轻化工大学、四川省轻工业学校（现四川工商职业技术学校）已经培养了一大批白酒技术人才。

对白酒人才的培训，也是川酒之于全国白酒行业的一大贡献。

早从20世纪70年代开始，系统化的人才培训就在四川开展起来。

当时泸州老窖在全国开办了27期酿酒科技培训班，为四川、贵州、江苏、安徽、河南、河北等全国20多个省市的酒厂，培养了数千名酿酒技工和核心技术骨干。

陈茂椿也是从1977年开始，在全国、全省白酒生产技术培训班上，亲自授课、辅导实验。

1980年，首届中国白酒勾兑

▲ 1982年五粮液勾兑技术研究小组留影

▲杨官荣

培训班开班，已是白酒勾兑大师的范玉平，为来自全国各地的名优酒厂学员亲授勾调技术。

可以说，现在全国浓香型白酒企业的大多数技术骨干都在四川学习过。

如今这根接力棒则传到新生代川酒专家手中。

25岁就考取了白酒国家评委的杨官荣，是川酒这一批中青年专家中，来自中性单位的中坚力量。

他曾引领四川省酿酒研究所，面向全国酒厂举办规模化的培训班，至今已为白酒行业输送了上万名专业技术人才，其中不乏国家评委。

办培训班的同时，他还为全国各地的中小酒厂提供技术服务支持。这些年，走到哪里讲课，他就把川酒的"好"带到哪里。

从事白酒技术研究30多年的钟杰，通过创办源坤鉴酒，面向白酒经销和消费端，进行酒类品鉴普及教育。10 余年间，已累计培训酒业经销商和白酒爱好者过万人。

20 世纪 90 年代以前，川酒影响全国的关键词，主要是技术和人才。之后伴随着计划经济向市场经济转变，市场开始在川酒影响力扩散的过程中扮演重要角色，而其中的关键词就是五粮液。

五粮液之前，川酒的影响力主要在于把浓香技术传遍全国，其技术地位和市场地位其实并不成正比。从五粮液开始，川酒则迎来了"浓香"本身的崛起。

计划经济时代，白酒实行统购统销，普通消费者甚至有钱也喝不到好酒。1990 年前后，国家对白酒专卖制度试行改革，企业有了更多的自主权，比如生产

100 吨酒，其中 70 吨归糖酒公司，30 吨可以自己卖。

五粮液就靠着这 30% 的自主份额，率先提价，第一个将产品带到了"北上广"，这时候有钱就能买到好酒了。

正是五粮液在一夜之间打开市场大门，才让川酒真正走了出去，也为全国的浓香型企业提供了发展范本，由此打响浓香型白酒的名号，快速扭转了清香占主导的局面。

▲ 钟杰

与此同时，散酒出川热潮兴起。四川的浓香散酒几乎销到了全国所有省市，作为当地瓶装酒的基酒，年销出量约 70 万吨。邛崃因销量最大，被称为全国"最大散酒基地"。

这往后，随着各大浓香酒厂的市场份额快速提升，逐渐奠定了以川酒为主导的浓香天下格局。

川酒走到今天，产量、营业收入、利润分别占全国的 52.1%、51.4%、36.1%，实打实地坐拥中国白酒半壁江山。

这既有历史进程的推动，也有着诸多偶然，但一代又一代的川酒专家，作为主观因素，将川酒引向了如今的方向。

注：文中沈怡方先生旧照及二十世纪七八十年代老照片出自《酒道人生》。

所涉资中酒精厂老照片出自内江市档案局。

参考文献

[1] 贵州酒百科全书编辑委员会 . 贵州酒百科全书 [M]. 贵州 : 贵州
人民出版社，2016.

万宇 & 许燎源
——造物者和他们的黄金时代

　　1999 年，在成都盐市口的一处小屋子里，万宇创办起"万宇设计"，接的第一个单就是国窖 1573——此前袁秀平曾承诺："只要你开工作室，我第一个来排队。"第一次会面，袁秀平将秘书留在门外，独自一人与万宇进行一场"密谈"，只提出两点要求：比五粮液贵，比五粮液好看。

　　在这之前，泸州老窖从未为"设计"买过单，甚至当时在整个行业也没有为设计付费的先例，都是印刷厂免费为酒厂提供设计，目的是赚取印刷费。"不设限"也意味着没有可供参考的对象，这是一次从零开始的冒险。五个月之后，袁秀平再次来到成都，并把厂领导班子都带了过来。那晚的会开到半夜，万宇仔仔细细地把设计理念和盘托出，一个开创性的品牌构想呼之而出。

对酒类包装设计来说，现在算不算得上好时代？

有人认为"太烂了"，有人却回答"很好的时代！"

持这两种观点的人分别是俯视这个行业的艺术家许燎源和白酒包装设计领域的"神秘"开路人万宇。

面对同一个问题，他们的答案明显呈两极分化。塑造这个答案的原因多种多样：两人入行的方式不一，看待行业的思维模式不同，对"设计"二字的理解也不一样……

也正是这些差异，使得他们的创作风格大相径庭，并催生了五粮液、国窖1573、舍得等姿态各异的白酒产品，甚至影响了它们未来多年的品牌形象和市场定位。白酒行业歌颂着名酒，流传着无数酿酒人和卖酒人的故事，但很少有人会往更寂静的地方多看一眼，那就是白酒的包装设计领域。如果把这些白酒产品归拢到一起，能看到设计者们形形色色的影子投射下来。

作为白酒江湖的另一面，这里的故事同样精彩。

故事的起点，在四川。

两个开端

　　寻找万宇，是本文成行遇到的第一道难题。

　　事情从一个不经意间提出的问题开始——红花郎是谁设计的？

　　原以为很容易得到答案，没承想，接下来的几天我们询问了厂家、数位酒类包装设计师以及有多年行业经验的从业者，结果出奇地统一——不知道。

　　最后在寥寥数句的资料里，我们注意到了万宇的名字。

▲万宇

　　紧接着，五粮液、国窖1573、泸州老窖特曲、红西凤、丰谷·壹号……一大批如雷贯耳的产品伴随这个名字涌现眼前。鲜有人知，这些加起来销售额超过500亿元的产品的包装设计，通通出自她之手。

　　对于别人耗费大力气才能找到自己这件事，万宇已经习以为常。20年间，无数前来造访的人，没有几个是轻轻松松就认对路的。

　　曾经有位开发商，花了一大笔费用向一位设计师打听，却只换来了"万宇"的名字，甚至连电话号码都没有。

　　辉煌的成绩，过度的低调，对冲出戏剧性的反差；而真正揭开这段故事后，又深感这样的反差原来合情合理。

　　1986年，万宇进入五粮液集团，11年间先后担任设计室主任、包装材料采供部部长等职务。那时中国白酒的包装设计刚刚起步，没有电脑等先进工具，一应设计都靠手工，所谓设计师大多是指印刷厂的美工。

当时，万宇既要做设计，又兼着采购管理的活儿，所有进厂的材料包括瓶子、盖子、外盒、纸箱，都要从她手里过一遍。这让她得以成为世界各国包装展览的常客，也是那个年代第一批接触到国际酒类包装风向的人。

这种"技术引进"最早体现在第五代五粮液身上。

五粮液是国内白酒玻璃瓶中最早采用水晶材料的。1995年，因为使用了长颈塑料盖，五粮液一度被俗称为"塑盖长城"。这里的塑料盖也是万宇率先从国外引进的，在此之前，"铝盖长城"占据主流。

1995年，"塑盖长城"和"铝盖长城"并存于市场，万宇又找来了一个意大利瓜拉"三防盖"，即酒只能倒出不能回灌。同时，酝酿

数年的"多棱瓶"面世，成为那一时期的主流瓶型，一直沿用至今。

"五粮液用了这些包材和技术，一下就带动了中国这些企业。大家一看还有这么大市场，都赶紧买设备上马生产。水晶料出现的时候，那些玻瓶厂立马改换原料，升级生产程序和技术，被逼着往更高的台阶走。"

在此之前，酒一直被视作传统且滞后于现代化发展的东西，酒企自己也这样认为；而五粮液最早意识到了产品形象的重要性，水晶料多棱瓶的出现也是五粮液打造品牌的开端。

酒品形象的提升及酒包材料的进步，实际上带动了整个酒业包装设计的发展进程，也改变了白酒背后的相关配套行业。

万宇做出声名之后，一个叫作许燎源的同行曾找上门来向她请教。学陶瓷出身的许燎源，在万宇进入五粮液的第二年，从景德镇陶瓷学院艺术系毕业。万宇大开大合让五粮液刮起创新之风时，正是许燎源入行、试错、探寻、得道的十年。

1988年，成都春季糖酒会上，许燎源边逛边想："白酒的设计太土了，我正好可以来改变。"他试水的第一个产品是沱牌酒，当时沱牌酒卖1.8元/瓶，经他重新设计包装后卖出了每瓶20多元的价格。

1993年年初，许燎源以新古典主义设计了宝莲酒，那是他的第一款艺术包装作品。

这一年，中国现代化建设热潮才刚刚兴起，消费市场依然贫瘠，民众对于新事物的接受程度还很

▲许燎源1988年设计作品

▲ 1993 年宝莲酒

低,本就传统的白酒行业更是如此。"宝莲酒的设计太过理想化,把白酒当艺术品来做,与当时的经济发展极其不相称,太超前了。"

所以,许燎源真正意义上的第一个作品,"只是轰动一时,未能变成流通产品"。尽管结果不尽如人意,许燎源却以宝莲酒开启了中国白酒包装的美学时代。

到 1998 年,许燎源意识到,"这个行业不应再以产地和工艺命名,头曲、二曲这种工艺命名都是

农耕文明的结果,行业应该搞品牌运动"。

许燎源决定以现代设计介入传统行当,"舍得"成为这场现代设计运动的开端。

2001 年,充满价值观创造意识的舍得酒面世,从瓶型到材质,从名称到理念,都是许燎源一手包办,包括那句脍炙人口的广告词——"天下智慧皆舍得,智慧人生,品味舍得"。

这是行业第一次以"舍得"这

样的哲学理念来为白酒命名，在精神层面为消费者提出价值观，后来许燎源将这种创造价值观的意识称为企业的"造物理念"。

从宝莲到舍得，是从新古典主义到未来主义的转变，也是许燎源摸索十年才找到的创作方向。

万宇从物质层面打开了白酒包装设计的开端，许燎源则从精神层面创造了白酒包装设计的开端。

金字塔顶端

许燎源找到自己的方向时，万宇也想通了未来要走的路。

当时宜宾有位著名书法家叫

▲ 万宇手书国窖 1573 创意理念

侯开嘉，"五粮液"三个字就是他亲笔题写。宜宾南门大桥落成时，曾专门请侯开嘉回宜宾题字，而他正是万宇的丈夫。1997年，万宇离开五粮液，随侯先生从宜宾到了四川大学任教。时任泸州老窖股份有限公司党委书记袁秀平找到她说："你应该为全国更多的企业服务，把你这么多年的积累跟我们分享。"其实此前，袁秀平已经找过万宇求计，只是万宇当时身在五粮液，只能作罢。

因为这次见面，万宇成就了今天的国窖1573。

1999年，在成都盐市口的一处小屋子里，万宇创办起"万宇设计"，接的第一个单就是国窖1573——此前袁秀平曾承诺："只要你开工作室，我第一个来排队。"第一次会面，袁秀平将秘书留在门外，独自一人与万宇进行一场"密谈"，只提出两点要求：比五粮液贵，比五粮液好看。

在这之前，泸州老窖从未为"设计"买过单，甚至当时在整个行业也没有为设计付费的先例，都是印刷厂免费为酒厂提供设计，目的是赚取印刷费。

"不设限"也意味着没有可供参考的对象，这是一次从零开始的冒险。五个月之后，袁秀平再次来到成都，并把厂领导班子都带了过来。那晚的会开到半夜，万宇仔仔细细地把设计理念和盘托出，一个开创性的品牌构想呼之而出。

即便过去了20年，万宇向我们再现当年那番关于国窖1573的演讲，依然振奋人心。

"国窖"二字，是万宇手写的残缺老宋体，国在天、窖在地，白酒原本就是酿天地精华的产物，"国窖"就是集天地之灵气、汲日月之精华之意。

"1573"源于明代万历元年老窖池的年份，四个数字皆为阳数，加起来等于16，寓意"安顺"；其中的1和7相加等于8，5和3相加也等于8，寓意"发了又发"；1573网络语言为"一往情深"，用谐音读起来，又似"一路提升、一路旗胜"。

瓶体和外包装的设计，融合了

五个"国"的含义，包括国旗、国体、国玺、国花和国土。

其中主色为红色和金色，是向国旗致敬；字体采用残缺老宋体，是为国体；瓶型设计庄重、大气、方正，是为国玺；外包装采用牡丹花，是为国花，以"第一花"衬托"第一窖"；瓶上96颗五星，象征着中国960万平方千米的土地，是为国土。

2001年，国窖1573在成都召开了第一次招商大会，时任泸州市委书记和市长出席，万宇被袁秀平介绍为"全国著名的设计大师"。站在台上，万宇将国窖1573的创意理念一一向参会者道出。

想必，那是白酒经销商第一次听到这般颠覆性的理念，也是第一次有人拿着白酒瓶子向经销商讲解其中奥妙。

这场关于设计的演讲之后，国窖1573的招商异常火爆，"很多经销商找他们的风水顾问来测'1573'，都说好得不得了！"

国窖 1573 一炮而红，证明了当初万宇的孤注一掷是正确的，万宇设计也成为中国白酒行业第一家以创意收取设计费的工作室。

在万宇看来，哪怕只收一块钱设计费，那也叫知识产权转让，"设计这个平台是必须独立和有地位的，设计师也是有价值和尊严的，设计是可以创造市场经济价值和产品颜值的"。

有人将酒行业的知名设计师划分层级，站在金字塔顶端的有两个人，一个是万宇，另一个就是许燎源。

国窖 1573 和舍得，其实就是万宇和许燎源最鲜明的风格呈现。

大致相同的时间，两款在设计理念上迥然相异的作品，分别托起了塔尖的一位设计师、一位艺术家。

舍得之后，许燎源又相继做了金剑南、金六福、汾阳王、水井坊·世纪典藏等产品，最多的时候有十几家企业排着队抢他的档期。

2003 年是许燎源个人职业生

涯的爆发期。这一年他设计了金剑南和金六福，其中金剑南上市3个月销量就达到1亿元。后期设计的水井坊·世纪典藏被誉为"盛世经典之作"。当年，人头马直接通过网上购物以28 600元成交，将其收藏至人头马公司酒博物馆。

许燎源说："作为中国的顶级酒与世界接轨，它让世界看到了中国的璀璨文化，看到了中国今天先进的铸造技术，也改变了外界的说法，中国酒不再是'一流的品质，二流的包装，三流的价格'。"

有人评价道："加之于许燎源身上的光环从来没有减少过。"因为他所涉猎的，远不止白酒，其各类作品被中国国家博物馆、北京故宫博物院等收藏。

今天，三圣乡景区作为成都人的后花园，那里矗立着全国第一家个人设计博物馆。

2006年，成都三圣乡景区计划建设具有人文调性的乡村，把最好的一块地划给了许燎源。他拿出全部积蓄，建造了许燎源现代设计博物馆。博物馆占地23亩，馆内藏品6 000余件，与白酒相关的有2 000件左右，其余涉及雕塑、陶艺、水墨画、油画、建筑设计、家具设计等各个领域，一屋一瓦，均由许燎源亲自设计。

以这个博物馆为起点，许燎源心中的想法是，"把它建成一个国际化的博物馆，让成都成为中国设计艺术之都"。

相比于设计师，许燎源始终认为自己是一个纯粹的艺术家；而相继找上许燎源的白酒企业，也无一不是为这艺术慷慨解囊。较近的一次，是青海春天董事长张雪峰请许燎源设计新品"听花"。他说："除了收费贵一点儿，其他都很好。"不同于许燎源的自述，张雪峰认为前者既是艺术大师，也是设计大师。在他眼里，许燎源变化空间大且驾驭能力强，"听花要求中国元素和传统元素相结合，难度非常高，而许老师前后只用了一个月"。

"行业里的艺术大师，只有他一个。"对张雪峰而言，许燎源就是这个领域的第一选择。

角色选择

回到开篇的问题，两种答案的形成轨迹已经非常明了。

见到许燎源的时候，他穿着绅士，语调温柔，边说话边点燃一支烟，烟雾缭绕里更显得他浑身透着

平和的气息，说出来的话却格外犀利，这就是"狂人"许燎源。

和许燎源的对话，是很难引导到设计本身的。因为无论从哪个角度提问，许燎源的回答都只关乎艺术，关乎对企业价值观的思考和担忧。

▲许燎源

　　"现在白酒在商业和文化上都是有问题的，主要是文化表达上，审美的取向没有反映到白酒上。白酒品牌的文化导向力整体是比较差的，即使是很有影响力的强势品牌，作为企业的责任也是很不够的。"

　　在他看来，一款白酒产品，实际上也是一种生活方式和文化的集中体现，这个过程中企业会有意无意地来教化消费者。品牌的核心价值不仅仅是效益，还有更多的社会责任，每家企业都应该树立独特的

价值观和独特的造物理念。

当下，经营者太多，企业家太少，少有站在长远的战略高度去思考，一家企业到底能够给消费者提供什么样的价值观。

从这个角度，许燎源认为酒企所主导的包装设计还处于很低的水平，所以他"决不跟着企业走"，并且认为这个时代"太烂了"。

万宇最深的积淀，则来自在五粮液的工作经历。她最关注的，是品牌与市场的关系，以及品牌与消费者的关系。在她看来，自己做的是商品而非艺术品，需要从市场的

视角出发，站在企业的角度思考。

因为自身"功力深厚"，万宇对企业特质和产品特质的内在联系及呈现方式往往把握得极为精准。在她内心深处，并没有好时代和坏时代之分。时代的变化只是带来更多便于设计的工具，而好时代，可以由自己去开创。

也正因为秉持设计服务于企业的理念，万宇的作品都力求去个人化，甚至去性别化，只以企业需求为转移。

"我不希望我自己高调，我就当自己是幕后的灯光、美工、化妆，

▶ 张朝阳

产品才是要站上台的男一号、女一号。我们做到最好的境界，就是产品上没有我的印记，而你把别人高高举起。"四川的设计师里，万宇尤其欣赏张朝阳。

张朝阳与万宇很相似，同样低调到近乎神秘。

尽管服务的产品都是泸州老窖、汾酒、舍得等主流品牌和核心产品，他所创办的北岭俊在行业里却几乎没有什么名气，张朝阳也格外享受这种"没名气"。

他把自己放得很低，甚至觉得在这个"好时代"里，最大的推动力量是整个社会的审美能力提升和文化自信加强，才使设计师们有发挥的土壤。

正因为这样，他习惯于站在行业边缘去观察，更利于看清行业，也更利于从外部吸取经验。

也许，万宇是在张朝阳身上看到了自己的影子。

好酒地理

殊途同归

对于川酒而言，两位大师如同两股泾渭分明的潜流：万宇打造了五粮液、国窖 1573 和郎酒，许燎源影响了舍得、剑南春和水井坊。

川酒的繁荣，川酒的多元，一定程度上来自这两股力量的交织。

他们最早为各品牌或者各产品奠定的基调，一直延续到今天。

当初的舍得，时至今日依然作为一种包装艺术为众人津津乐道，其所提出的精神理念早已深入人心。舍得酒业也将"舍得"二字的内涵扩了又扩，位于酒厂内的"舍得艺术中心"，全然不像是厂区的配套产物，更像是一个艺术展馆。

国窖 1573 二十余年来在市场上横扫南北，虽然其设计鲜少被提及，但设计所赋予的产品力，早已助其迈入百亿大单品之列。当初袁秀平请万宇出山时，或许也没想到会有今天的成就。

当然，他们的作品不止于"川酒六朵金花"，但以六朵金花为核心，万宇和许燎源在品牌性格和发展方向上，为多姿多彩的川酒注入了一份力量。

川酒的繁荣又为酒类包装设计在四川的兴起提供了巨大的空间，以至于不断有后起之秀投身其中。比如张朝阳，便是因此来了四川。

因为生于秦岭以北的陕西韩城，张朝阳在2013年秋天创立公司时，取名北岭俊。

选择在成都入局白酒包装设计，是因为张朝阳认为，白酒作为高单价快消产品，对包装设计的要求更高，而综观全国白酒行业，四川有着白酒包装设计最好的发展土壤——四川白酒品牌丰富，尤其名酒众多，产品迭代升级需求旺盛。

除了土壤，还有做设计的氛围。

不论是万宇设计、北岭俊还是许燎源的朴素堂，人员构成均未超出10个人，以工作室的模式运营着，多年来人员流动也并不明显。

较之深圳包装设计公司的规模运作，四川的设计师们似乎没有什么野心，尽管他们拥有行业里最大规模的客户群体。

作为第一代设计者，万宇和许燎源一开始就在四川创造了这种静下心来做设计的氛围——虽然他们自己从未这样宣称。

也正因为是第一代，后浪拍前浪总是不可避免的，"万宇的黄金时代已经过去""许燎源被主流名酒抛弃"等质疑偶有响起。

万宇回应道："那不可能，我在与时俱进，我的心态是年轻的，视点是年轻的，怎么可能过时呢？"

许燎源似乎并不在意这些声音，他只在乎自己的作品是否有品牌价值的投射，是否具有未来感。

其实，只需要看看全国各地酒企向两人发来的邀请就知道，他们依然很"红"。

川酒背后，两位大师的影响仍如涟漪般一圈圈向外扩散。日后再谈川酒，无论如何也忽略不了这两个名字。

▶ 北岭俊设计作品

为了酿酒，舍得种了400万棵"树"

俯瞰舍得园区，发源于岷山与秦岭之间的涪江，由北至南奔泻而下，流经射洪柳树镇，形成一块冲积平原。涪江与山峦在这里形成山水环抱之姿。

它在地理区位上，本就占据了得天独厚的酿酒条件。

在舍得酒业的资料室里，藏着一份"机密"报告——《舍得生态酿酒工业园植物名录及生态要素研究报告》。

这份秘而不宣的46页报告中，总结了对舍得园区内近400万株植物的研究成果。

其中在第四章第三节，以超过1/4的篇幅详细介绍了植物对温度、水土、空气湿度、微生物、酿酒和生活环境等方面的影响。

20年前，华南农业大学教授罗必良等人在《走向生态化经营》一书中，为舍得酒厂总结出了四层

every single leaf blade of grass and insect
每一片叶子 每一寸草地 每一只鸣虫

▲金华山位于涪江之滨，其后山为"一代文宗"陈子昂少时读书台。昔日杜甫曾赴金华山追忆陈子昂，留下"射洪春酒寒仍绿"之句。

生态圈，分别是四川大生态圈、射洪次生态圈、柳树沱小生态圈和沱牌微生态圈。

这个"微生态圈"，就藏在舍得园区的绿植里。

"中国最美酒厂"

如果四川盆地是个天然大窖池，那这个"窖池"底部的微生物应是最丰富的。舍得酒业所在的射洪市就位于四川盆地底部区域。

俯瞰舍得园区，发源于岷山与秦岭之间的涪江，由北至南奔泻而下，流经射洪柳树镇（后更名沱牌镇），形成一块冲积平原。涪江与山峦在这里形成山水环抱之姿。

它在地理区位上，本就占据了得天独厚的酿酒条件。

正值夏末秋初，驾车在舍得园区内四处游览，乍一望去竟看不见多少建筑物，满目葱翠，有的老树达到一人合抱之粗。

▲被爬山虎包裹的酿酒车间

香樟、楠木、银杏、桂花、玉兰、蓝花楹、红枫、红叶李、红花檵木、金叶连翘、红叶石楠、千层金、桃花、紫薇、木槿、垂丝海棠、山茶……鼻息间尽是大自然的味道，虽是酒厂却没有工业厂区的影子，倒像是一座生态公园。

置身其中，终于理解了"中国最美酒厂"的名头如何得来。

这里连酿酒车间外都长满了爬山虎，成为一个个绿色的四方体。

如果没人介绍，在远处很难看出那是酿酒车间。

"每年我们开始酿酒的时候，爬山虎长势最好，就像在迎接我们开工似的。"文武是舍得的老酿酒师傅，入厂已有 34 个年头，其所在的酿酒车间负责对外接待游客参观。

作为生产班组的负责人，文武从 2012 年就担任起了车间"导游"。说起游客对于园区绿化的赞叹，他的神情和肢体语言立马变得自豪起来，似乎在回忆自己生活工作了几十年的地方是如何蜕变成如今这般模样的。

现在的舍得生态酿酒工业园早已实现春有花、夏有荫、秋有果、冬有青。整个园区现有各类乔木、灌木和草本植物共 300 多种，其中

▲ 文武（左一）

一半是在打造植被生态系统过程中种植的。园区绿化率达到 98.5%，绿地率达到 43.7%，绿化覆盖率达

到 47.4%。

在 20 多年前，这里却完全是另一幅景象。

▲郭治有（中）

舍得的"舍得"

1988 年,当时的舍得酒厂(时称沱牌曲酒厂)正在大搞基础建设扩产能。

已经 51 岁的郭治有被酒厂招聘到扩建指挥部,学建筑出身的他负责跑现场,搞施工监督。

"那时产能发展得太快了,酒糟都找不到地方堆。烤酒还是烧煤炭,煤渣堆在路上,车都开不过去。每个灶都连着一根烟囱,厂区内烟雾弥漫,穿着白衬衣走一圈,身上全是烟灰。"

如今的舍得大道彼时还是一条泥巴小路,只有 3 米宽,车过扬尘。

半年后,酒厂成立三废处理车间,郭治有成为车间主任,负责处理酒糟、煤渣和废水。他提出,把酒糟烘干变成牲畜饲料,把煤渣做成煤渣砖。

当时由于基础建设对石材的需求量太大,厂里买光了柳树镇甚至整个射洪的麻条石,最后跑到潼南购买,还是供应不足;而煤渣砖既能让废弃物实现再利用,又解决

了建筑材料紧缺的问题。

这两大难题解决后，"厂区环境变得干净些了，再后来就是改造绿化带，开始小规模种树"。

20世纪80年代，中国兴起"花园式工厂"理念，倡导建设宜居宜业的生产环境。舍得开始设想要创建全国第一个酿酒工业生态园区，而此时"生态酿酒"甚至"生态文明"这两个词都还没出现。

进入20世纪90年代中期，虽然保护环境依然是基本国策，但市场经济如火如荼地搞起来了，基建、产能、规模、效益成为企业重点考量的东西。

舍得当然也想大发展。然而，生态酿酒已经在这家企业埋下了种子，大把大把的钱被花在了花花草草上。

这在当时是要被嘲笑的。

舍得酒业酿造中心总监龙远兵谈起一件"趣事"：时任舍得总工程师曾在一次学术会议间隙，与某白酒专家谈起生态酿酒，那位专家立马起身说"去方便"，然后就从视线中消失了。

彼时甚至还出现了生态酿酒是"酒中的异杂味"之说。

连公司内部，也不时有这样的质疑："生态不就是栽花种草嘛，这对企业发展有什么好处？对个人收入有什么好处？"

在众人眼中，建设酿酒生态园要投入巨大的人力、物力和财力，却不能直接产生明显的经济效益，明摆着是一件费力不讨好的事。

然而，一株株苗木还是被时任领导班子力排众议地种了下去。

"万物"共生

1990 年，舍得酒厂成立环保科，代管绿化工作。1993 年，环保科又改为环保绿化科。

次年，绿化队进行厂内"选拔"时，只开放了一个名额。酿酒车间的张萃悦早早报名，又经过笔试、多人面试之后，才力压几十名竞争者，拿下这一热门岗位。

种树这件事，在舍得的分量越来越重。

▲龙远兵

▲张萃悦

作为舍得生态植被系统"总工程师"的郭治有，其实并非科班出身。他是在年逾五十的时候，才靠着《园林树木学》《中国园林》《工厂园林手册》这些书本开始自学园林景观的。

"基建开始，绿化就要跟上，但绿化不是照图施工。既要考虑美观，又要考虑树木在酒厂环境里能不能成活，还要考虑对微生物的影响。哪些地方种什么，种得密还是疏，都有讲究。"

郭治有选中的第一种树，是法国冬青，这种树最适合在大搞基建的时候种植，抗烟尘，可以吸收二氧化碳。

"当时在电力车间周围，就种得很密，可以隔离噪声，但桂花树就要隔酿酒车间远一些，因为酒会导致桂花树不开花。"

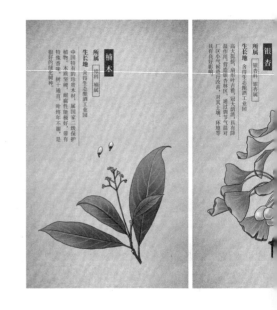

在绿化树种的选择上，舍得是将常绿树种与落叶树种、阔叶植物与针叶植物相结合，使点成景、线成荫、面成林、环成带，由此形成布局合理、功能齐全的绿化体系。

郭治有主要考虑的是园区景观的观赏性和绿植的成活，至于对微生物的影响，则更多有赖于技术人员的判断和双方之间的协作。

这种协作，也意味着酿酒微生物与植物之间的"磨合"：微生物的多样性会影响到植物的生长、发育及群落演替。反过来，植物也通过其凋落物和分泌物，为土壤微生物提供养分。

最终，"磨合"走向了"共生"。舍得在研究中发现，植物群落的多样性与微生物群落的多样性是呈正向关联的；而立足于整个微生态圈来看，植被生态系统对酿酒环境影响最大的是温度和湿度。

主要酿酒微生物（如酵母）最适宜的代谢温度是28℃～35℃，而在代谢过程中，微生物内部会升温13℃～15℃。也就是说，最适合微生物代谢的外部温度是17℃～18℃。在舍得，通过绿化种植，园区的全年平均温度可以稳

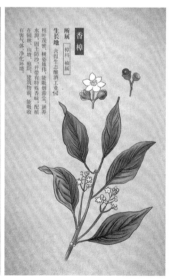

定在 17.3℃左右。

在湿度上，这类微生物最喜欢的是 75%～87% 的相对湿度，舍得园区的湿度则可以保持在 78.5% 左右。

这样的温湿度环境，有利于富集大量的有益酿酒微生物。

就微生物特性来看，园区内栽种较多的芳香树木，如香樟、楠木、桂花树等，均有利于有益酿酒微生物产生香味成分；而不同微生物又有不同的偏好，比如酵母喜好含糖分多的环境，园区就栽种了桃树、石榴、柑橘、无花果等多种果树。

这个过程，叫作对有益酿酒微生物的富集培养。

园区内的不同区域，对绿植的需求也不同。

比如，在办公区、生产区、生活区，就用柳树、桃树、楠木、香樟、银杏等高大经济林木形成的绿色屏障加以分隔；而在陶坛储酒库

▲泰安作坊

周围，多种植小叶榕和香樟树，更利于酒体老熟；制曲车间四周，种满了银杏和桂花树；酿酒车间则被爬山虎包裹，以此促进酵母、霉菌、枯草芽孢杆菌等有益酿酒微生物的生长繁殖。

这些针对植物与微生物的科学研究，舍得早从 20 世纪 90 年代就已经开始。

据龙远兵考证，"生态酿酒"这个词，最早在 20 世纪 90 年代中期才出现。"生态文明"也是直到 1995 年，才首次在美国学者罗伊·莫里森的《生态民主》一书中提出。

1999 年 11 月，在北京举行的国际企业创新论坛上，舍得做了"中国第一个生态酿酒工业园区诞生"主题报告。这是"生态酿酒"第一次在国际会议上出现。

9 年后，"生态酿酒"术语被纳入国家标准 GB/T15109-2008《白酒工业术语》。

"种"出来的黄金酒曲

舍得的曲药有三大特点：黄金色、黄金圈、黄金斑。分别指曲体

▲黄金酒曲

表面为黄金色，曲体断面边沿有黄褐色烽火圈，曲体断面中部有黄色菌斑，加上此曲如黄金般珍贵，故被称为"黄金酒曲"。

真正堪比黄金的，其实是制曲的环境。

自20世纪90年代中期大规模种树以来，舍得曾搞过无数次种树大动员，每回都要抽调各部门的人手一起种树。规模最大的一次，则要数312制曲生态园建设期间，那次轰动全厂的"总动员"。

1998年，在舍得干了10年的郭治有到龄退休，成都市金堂县的一家动物园瞅准时机找到他，请他为动物园进行绿化设计。

"当时老虎在里面都热得上蹿下跳，金堂县这家动物园听说我在舍得搞得不错，就找到了我。"

才干了不到三个月，郭治有又接到厂里的电话，"让我快点儿回去，说要搞312生态园"。

这个生态园的打造，起初是想请西南设计院来设计的，但面对1800万元的设计费，舍得还是决定把绿化"总工程师"请回来。

2000年初冬，酒厂为了节省经费，从山东拉了三卡车银杏树回来，由于长距离运输，树苗入厂时已经出现失水现象，必须马上栽种才能保证成活率。

于是，一场轰轰烈烈的"全厂总动员"开始了。

酿酒车间、包装车间、行政部门、后勤部门、分厂……凡是能抽调出来的人手，全都驻扎进了312园区。1 000多人满负荷栽了整整三天，连午饭也在工地上解决，才保住了这批树苗。

"当时的312生态园，还完全是一片荒坡，连处躲阴凉的地方都没有，我在那儿晒得黢黑。"郭治有笑道。

那时候种下去的树苗胸径（树干距地面以上相当于一般成年人胸高部位的直径）只有2～3厘米，

▼ 312制曲生态园

现在已经有16～18厘米。环绕着制曲车间，每年秋风一吹，就是一片金黄的灿烂景象，美不胜收。

就这样前后耗时两三年，占地400余亩的312园区从荒坡变成了今天林木葱翠、鸟语花香的生态园，夏季温度要比园区外低5℃～10℃。

这个投入数亿元的生态园，只为一个制曲车间而建，为黄金酒曲打造了一片专属天地。看不见的微生物满布其间，它们在这座乐园里恣意繁衍、生长、流动、交换。

在我们到访时，制曲车间正处于高温停产期，只能到曲库一睹黄金酒曲的真容，这也是舍得不对外开放参观的要地之一。

库房大门打开的瞬间，阵阵热浪和曲虫扑面而来。

▼ 万吨高位水池

我们刚感受过园区内的凉爽，此时面对的就像一个大蒸笼。据312制曲车间主任李长庚介绍，夏季库房的温度可达到35℃~40℃。

在库房静待六个月，这些酒曲便能参与酿酒过程了；但在此之前，它们还需要经历一个月左右的培菌期，这个过程讲究前缓、中挺、后缓落。

前缓，就是微生物在曲块中缓慢升温，时间在8~10天。这一阶段，需要微生物大量富集。得益于生态园区内的相对低温环境，在10℃~20℃温度下，各类微生物都能富集到曲块上。

中挺阶段，曲块温度需要达到60℃左右，并且挺温时间要在7天左右。这对制曲工艺有着很高的要求，舍得采取全机械制曲，以保证曲质的稳定性。挺温这一环节，就是舍得用"高湿高温"的工艺对微生物进行优胜劣汰的主动选择过程。

▲李长庚

李长庚解释道，为了保证挺温时间，在原料磨碎时要遵循芯烂皮不烂的原则,让皮保持"栀子花瓣"状，以使曲块内部形成疏松的微氧状态。同时，曲块刚成型时水分要在 38% ~ 40%，不断干燥后水分为 14% ~ 15%，才能达到挺温时间要求，产生更多香味物质。

高温高湿可以淘汰对酿酒无益的微生物，留下来的有益酿酒微生物被称为优势菌群，和窖池里的微生物是一致的。接下来，就是让

它们在自己喜欢的环境里大量繁殖生长，成为塑造黄金酒曲的头号功臣。

在整个制曲车间，共有532间曲房，每间曲房可放1 050～1 100块曲药。一年下来，能产4万吨黄金酒曲。

有意思的是，312车间的设计四通八达，每间曲房都能对流通风，保持排潮，曲房门上也采用了百叶窗设计。这意味着，黄金酒曲真正

是躺在了大自然中，空气里、林木中的微生物可以在整个车间的各个角落自由流动和交换。

整个舍得酿酒生态园区，尤其是312制曲生态园，都应了那句"把工厂建在森林中"。

随着312生态园成型，整个舍得园区的绿化建设也基本完成，后期从种植转向了养护。

如今在舍得，有一支16人编制的绿化队，负责管理合计占地

◀ 312 制曲车间

185

400 多亩的自有苗圃——这几个为舍得节省了大量苗木成本的苗圃，从 20 世纪 90 年代初就开始培育。

其他的绿化区域，则交由大约 70 人的外包团队负责。每个季节，工人们都会根据植物的特性进行轮作养护。

如果离开舍得那天没有下雨的话，应该能看到绿化工人正在园区内，为夏季生长旺盛的低矮灌木修剪造型。

参考文献

[1] 罗必良，李家顺，李家民 . 走向生态化经营——沱牌集团的创新及其思考 [M]. 香港：香港中国数字化出版社，2001.

千年土城：赤水河中游的"轴心"

昔日赤水河中游的酿酒重镇，似乎正在苏醒。

冬至过后，日夜奔涌的赤水河更显清绿，
全然不见了夏日的浑赤。

作为一条因酒而闻名于世的河流，在高山
深谷中蜿蜒流转的赤水河，孕育了中国名酒的
大半壁江山，其中尤以酱香型白酒为甚。

自茅台至赤水这 160 多千米的中游，则是
美酒河最为醇香的一段。

"上游是茅台，下游望泸州。船过二郎滩，

又该喝郎酒……"悠悠船歌中，大小酒厂沿河畔鳞次栉比，层层叠叠铺排出诸多传奇酒镇。

人们因茅台和郎酒熟知的茅台镇和二郎镇，是其中灿若明星般的存在。

与之相比，地处赤水河中游腹地的土城镇，则是一片隐匿于历史长河中的温润之地。

这里保留了更为传统的古镇风貌，也蕴藏着更值得去挖掘的传奇故事。

当酱香酒走热，白酒产区表达日渐成为主流，昔日隐秘的土城正在被推开重门。

隐秘的繁华

土城，地处四川、重庆、贵州三地交界处的遵义市习水县西部，是赤水河畔最古老的城镇之一。

从茅台镇出发，驾车沿赤水河谷旅游公路往西北方向，在高山、隧道、桥梁的交替中穿行两个多小时后，远远便可望见"千年土城 四渡赤水"八个红色大字。

下了高速路，土城入口处的赤色石壁上，"鳛国故里"四个遒劲大字显示了这里的不凡出身。

这是一座与赤水河一样古老的城。

诸多研究表明，此地在 7 000 年前就有人类繁衍生息，其后西周建鳛国，秦汉建县制，唐宋建州城……这使土城成为赤水河流域上一个载有中国千年历史文明的重要符号。

走进土城古镇，尽管也能依稀感受到商业化的气息，但不同于许多过度开发的古镇，这里仍透着一股原生的纯朴。

昔日"十八帮"的金字招牌之下，是书写着"鳌"字的大红灯笼——传说中这是一种会飞的鱼，在忍受了千年孤独后，一朝化身成龙。

当地人崇拜它的隐忍和志向，根据其形象做成的剪纸常见于那些厚重的木门和木窗上。

老街上的居民，大多是世代生活在这里的老住户。

闲来无事聚于茶馆的老汉，老屋门前嬉戏玩耍的小童，倚靠门前边做针线边与邻居聊天的妇人，热情招呼客人吃饭的老板娘……从日暮到黄昏，阳光在窄窄的巷子里，从左边移到右边，照耀着土城镇人们悠闲的日常。

古镇街道纵横交错，每一面墙、每一块砖、每一片青石板和瓦当，都泛着光影，那是来自久远时光的打磨。

很多人并不知晓的是，这里曾有着舟楫繁忙、商贾云集的盛况。

青石老街，灰瓦古墙，木楼雕花，深井小巷，古民居、宋酒窖、古盐号、古船帮、古戏院……众多的历史古迹坐落在长街上，同远处传来的赤水河婉约的流淌声一起，向往来的游客诉说着这里往昔的繁荣与喧嚣。

好酒地理

多功能重镇

赤水河无疑是我国西南的一条经济大动脉，同时也是滇、黔、川三地之间的一条人文纽带。

这说的是赤水河的河运功能。

东汉章帝时期，四川富顺县人开凿了自贡第一口盐井，称"富世盐井"，后来自贡盐陆续入黔，明清时期盐运兴盛。

赤水河河运的兴起，便是川盐入黔的需要。当载满酒和盐的舟楫南来北往，西南边疆的文明开始按下加速键。

赤水河虽为川盐入黔的主要通道，但滩险较多，运盐船只便在沿河各集镇分设盐号，由此形成了巨大的川盐运销网络——盐帮。

随着盐运网络的日渐成熟，各集镇不断壮大繁荣，滇、黔、川之间互市的商品在这里库存、运送、交易。

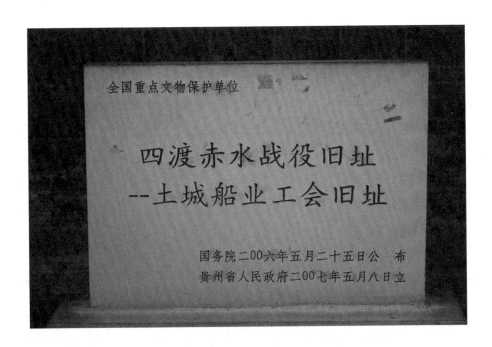

为了养家糊口的人和抱有财富梦想的商旅，也在这里休憩、补给、交换信息。逆水而来，顺水而去，相互交织出一幅斑斓多彩的码头文化画卷。

土城周边地势开阔、河水平缓，因而成为赤水河中游一个重要的集镇，也是彼时川盐入黔的主要码头和集散地之一，鼎盛时土城盐号多达十几家。

在今天位于土城的赤水河盐运文化陈列馆内，陈列着大量川盐入黔的珍贵历史资料，印证了贵州自古"斗米半斤盐"的说法。

不只盐业，土城"襟带于蜀而门户于黔"的地理优势，还使其成为明代川黔间一座重要的都市，四方商贾云集这里。云南所产滇金、珍贝、丹砂、金碧与四川的丝、绫、文锦、铁器多在此交易。

到了晚清，土城已是帮派林立，除盐帮外，还有袍哥、船帮、马帮、酒帮、栈房帮、糖帮等"土城十八帮"。大量的官员、商人和民夫从四方涌入，小小的土城迎来了经久不衰的繁华。

如今，站在土城古街道，静心闭目，仿佛还能听见当年"土城十八帮"车马舟楫带来的喧嚣与热闹；而当历史的烟云散去，外人感受最多的却是前文描述中那般与世无争的平静。

除了促成经济与文化上的繁荣，土城的地理优势还使其成为行政地域上的核心。

早在北宋大观三年，当朝便在土城建滋州，领仁怀、承流两县，其辖域包括今天的仁怀市、赤水市和习水县地域，几乎涵盖整个赤水河中游地区。

也就是说，土城曾长期作为赤水河中游的行政中心，管辖着包括茅台镇在内的区域，因此民间也一直流传着"先有土城镇，后有茅台村"的说法。

进入近代，土城显赫的地理位置又被赋予了新的历史使命。

1935 年的土城战役，是中央红军在长征途中的一次重要战役。遗址就位于土城镇东北约 4 千米的青杠坡，原是习水到赤水、泸州的必经之地。其作为交通要塞，也是兵家必争之地。

红军"四渡赤水"的转折之战，也是从土城发轫，经由土城渡口"一渡赤水"进入川南，由此成为奠定革命胜利的关键节点。

如今在土城仍留存有大量的革命旧址，"红色痕迹"处处可见。2005 年，土城被评为中国历史文化名镇。

当年红军走过的石板街上，今天已是游客如织。随着土城旅游业的发展，这座昔日的繁华小城也再度展现了岁月的魅力。

赤水河中游"轴心"

土城镇政治、经济、文化繁荣的核心要素，似乎都指向了其特殊的区位优势，那我们再从地理视角来看。

地处川、黔、渝三地交界的土城，属于四川盆地和云贵高原之间的缓冲地带，地势东西北三面较高，南面较低。

"三高"的优势体现在，森林覆盖面积 29 万亩，且正好处于重庆四面山、贵州赤水、四川福宝三个国家级风景区构成的天然生态圈内，由此形成了高森林覆盖、高植物多样和高原始生态。

土城境内既有赤水河沿岸的峡谷丘陵区，也有半高山区和高山区，海拔差异较大，平均海拔在 320 米，比茅台镇还要低 100 米左右。

群山叠翠、纵深差较大的封闭峡谷盆地，让土城拥有与茅台镇相似的环境：闷热湿润，年平均气温 18.2℃，十分有利于微菌、酵母菌等多种酿酒微生物菌群的稳定繁衍，也利于粮谷原料中淀粉等物质的积累。

更值得关注的是土城镇在赤水河流域中的位置。

关于赤水河上中下游的划分，目前尚没有统一的说法，这里收集了多种观点。

1992 年，时任贵州习水酒厂党委副书记、副厂长的谭智勇（后来担任仁怀市首任市长）曾带队考察赤水河，确定了赤水河的源头在云南镇雄县板桥镇长槽村滮水岩，全长 523 千米。

　　其中，"上游为河源至二郎滩 342.4 千米，中游为二郎滩至赤水市 127.1 千米，下游为赤水市至合江县 50 千米"。

　　贵州酒文化研究者王临川则在《河风习语》一书中认为，"一般以茅台以上为上游，茅台经习酒至丙安为中游，丙安以下为下游"。

　　金沙文化学者葛明丛告诉我们，金沙往上为上游，仁怀全程为中游，习水往下为下游。

　　仁怀当地企业则对我们表示，没有具体的节点，但仁怀市全程 119 千米都是中游。

　　尽管各有说法，但综合几家观点，同时结合习水县（中游）、赤水市（中下游）的自我定位，大致可以得出，从茅台至赤水以上应处于中游范围内。

赤水河沿岸的大小酒厂也多集中于此段——茅台镇往下的酒厂非常多，但往上走，除定位于"赤水河上游"的金沙外，几乎再没有知名酒厂。作为中游末端的赤水市，随着近两年酱酒升温，其发展潜力也逐渐被开发出来。

纵观这条汇聚了众多名酒、实

至名归的美酒河段，土城镇的位置正处于其中心地带。这似乎与其曾作为政治、经济、商贸中心的地位又形成某种关联。

或者说，无论是地理位置还是发展历程，土城镇都处于赤水河中游的"轴心"地位。这些自然或人文优势，也共同促成了土城镇另一种产业的兴盛。

下一个酒业宝藏

　　严格说来，"下一个"这个词并不准确。事实上，如果赤水河是一条天生的美酒河，那土城早就是一个难以被忽略的支点。

　　作为赤水河中游曾经的政治、经济中心，土城镇的酿酒历史源远流长。

　　北宋时期兴起于赤水河流域的"凤曲酒法"，正出自当时的治所所在地滋州（今土城镇）。

　　如今在土城镇，仍保留有两处

宋代遗存至今的酿酒作坊。一处是一渡赤水渡口岸边的春阳岗烧房，早已停产，仅留下遗址和部分酿酒工具供游客参观。

　　另一处是四渡赤水纪念馆对面的狮子山烧房，这也是滋州府衙于北宋末年开办的官办酒作坊，一直薪火相传至今。

　　狮子山烧房，也就是今天土城镇宋窖酒业的前身。2010 年，宋窖酒业投资 1.2 亿元建了一座宋窖博物馆，里面展示了赤水河流域最早的酿酒工具和生产流程，成为土城镇千年酒文化的缩影。

如今距离这座遗址博物馆不远处，正在进行一场颇为壮观的建设。

建设中的贵州安酒赤水酒谷一号地，据当地老者说，正是宋代滋州府的府衙所在地。

这家起源于20世纪30年代的安酒厂，至今也有近百年历史，曾与茅台并列为"省优"名酒，是土城酿酒厚重底蕴的又一个缩影。

2020年4月，总投资超过100亿元的安酒赤水酒谷在土城启动建设。建成后将实现年产3万吨大曲酱香制酒、6万吨优质高温大曲，以及18万吨陶坛储酒的综合体量。

昔日赤水河中游的酿酒重镇，似乎正在苏醒。

如今，除了贵州安酒外，土城镇还拥有小糊涂仙、宋窖酒业、亨海酒坊、古滋酒业、德远酒业等一众酒企，与茅台镇、二郎镇一同成为赤水河沿岸三大核心酿酒名镇。

崛起中的土城，似乎也正如那条忍受千年孤独之后，一朝成龙的"鳝"鱼，从悠远的历史中走来，与当下交相辉映。

参考文献

[1] 四川省地方志编纂委员会 . 四川省志：川酒志 [M]. 北京：
方志出版社，2017.

焉耆盆地，为什么能出产
中国顶级酒庄

作为全球十大最具影响力葡萄酒顾问，北京农学院教授李德美正式出任焉耆县政府葡萄酒产业顾问，也是在 2009 年。

虽然过去了十多年，李德美仍然记得当年的情景。

"当时焉耆一个分管农业的常委，就住在学校附近的酒店，半开玩笑地说，如果我不去，他就不走了。"李德美被请到焉耆后，在欢迎宴会上当场表了个态，提出要跟请他过来的那个常委，一起到地头拍张照片存档。

"我没有别的可以保证，就把我个人的声誉押在这里。如果做好了是应该的，如果没做好，也就没资格再去别的产区。"

新疆，一个让人心生向往的地方。

人们爱她的大美风光。新疆拥有中国国土面积的 1/6，广袤的疆域孕育出了复杂多样的自然地貌。

冰川、雪山、草原、沙漠、戈壁、森林、湖泊，除了海洋，你能想象到的壮美景色，在这里都能够见到。

这里还有甜美的瓜果。被誉为"天下第一瓜"的哈密瓜，吐鲁番的葡萄、库尔勒的香梨、库车的小白杏，不仅果肉甜过"初恋"，甚至连果核都是甜的。

除了瓜果外，新疆其实还有许多超出你想象的物产。

我国作为世界第一大番茄制品出口国，近 3 年番茄加工量为

▲村民晾晒番茄场景

新疆葡萄酒历史悠久，如今仍然流行于阿克苏地区的慕萨莱斯葡萄酒，酿造历史可以追溯到2 000多年前，有"中国葡萄酒活化石"之称。

目前新疆的酿酒葡萄产量为22.18万吨，占全国产量的25.1%；葡萄酒产量17.5万千升，占全国产量的21%。这两个数据在中国葡萄酒领域都位居第一。

480万吨/年～550万吨/年，而产自新疆的就有350万吨/年～400万吨/年，占比超过7成。

新疆还是中国重要的干辣椒生产基地，年产量在30万吨以上，占全国干辣椒生产总量的1/5。

当然还有葡萄酒。

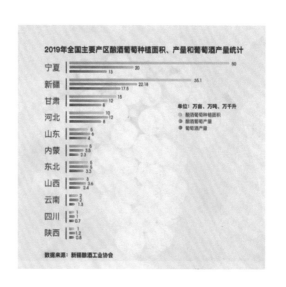

在新疆，以番茄、辣椒、葡萄酒为代表的"红色产业"，与棉花、煤油气并称为新疆的"红白黑"三大支柱优势产业。

在红色产业中，有一个重要的产地，就是焉耆盆地。

焉耆有多红?

新疆的地形特征是"三山夹两盆"，以中部的天山为界，分为北疆和南疆。焉耆盆地，就位于南疆塔里木盆地的东北角，因盆地中的焉耆县而得名。

焉耆地名，自带浓郁的西域风情，古时是汉代西域三十六国之一的焉耆国，玄奘当年西行取经就曾经过这里。

缓缓流淌于焉耆境内的开都河，也是《西游记》里的流沙河。

焉耆县所在的巴音郭楞蒙古自治州（简称巴州），号称是"华夏第一州"，面积足有48万平方千米，占到整个新疆的1/4。相当于苏浙闽赣四个省的面积总和，也几乎等于两个英国的面积。

▲ 开都河

▲七个星佛寺遗址是晋唐时期古焉耆国的佛教中心，也是古丝绸之路上的重要文化遗存。

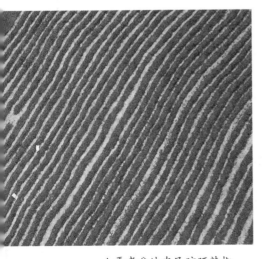

▲焉耆盆地农民晾晒辣椒

地处南北疆衔接处的焉耆，曾是巴州首府，也是丝绸之路上的重要枢纽。

在焉耆，你会吃到很多辣味美食，比如大盘鸡、椒麻鸡、三凉（凉皮、凉面、凉粉）等，有时甚至会直接上一碗红辣椒作为开胃小菜。

焉耆盆地是新疆最大的红辣椒生产基地。每年9月，这里都会被戈壁滩上到处晾晒着的红辣椒染成红色。

番茄也是这里的传统经济作物。焉耆盆地加上周边的轮台等县，每年的番茄加工量大约在 150 万吨，占整个新疆加工量的 40% 左右。焉耆县还被原农业部授予"中国工业番茄之乡"。

焉耆产的红辣椒和番茄不仅可以食用，还可以提取红色素。全球奢侈品口红所用的红色素，有70% 来自巴州，其中不乏香奈儿、迪奥这类国际大牌。

除了辣椒和番茄产业外，葡萄酒也是焉耆盆地的门面担当。

作为西域古国之一，历史上的焉耆也曾有过灿烂的葡萄酒文化，《魏书》《隋书》《旧唐书》等史书中，都曾提到过焉耆葡萄酒。

如《魏书·列传第九十》曾言："焉耆国，在车师南，都员渠城，白山南七十里，汉时旧国也。气候寒，土田良沃，谷有稻粟菽麦，畜有驼马。俗尚葡萄酒，兼爱音乐。南去海十余里，有鱼盐蒲苇之饶。"

今天的焉耆盆地产区，主要包

▶ 乡都酒庄

括焉耆东西戈壁产区、和硕产区、博湖南山产区、和静产区等，酿酒葡萄主栽品种有赤霞珠、品丽珠、梅洛、马瑟兰、西拉、霞多丽、贵人香、雷司令等。

在新疆 35.1 万亩酿酒葡萄种植面积中，有 12 万亩位于焉耆盆地，年产葡萄酒 3 万千升，分别占整个新疆的 37% 和 13%。

焉耆盆地与天山北麓、伊犁河谷、吐哈盆地共同构成了新疆的四大葡萄酒主产区。

进击的 23 年

尽管焉耆葡萄酒历史悠久，但真正将葡萄酒作为产业来打造，其实时间并不算长。

1998 年，乡都酒业成为第一家在焉耆盆地开荒种植酿酒葡萄的先行者。创始人李瑞琴，出生在烟台海滨，却是业内熟知的"新疆李奶奶"，创办乡都酒业时已经 47 岁。

彼时，正逢当地政府开始扶持焉耆葡萄酒发展。此后 10 年，政府和企业合力探索，逐渐在焉耆盆地建立了产业基础。

▲ 中菲酒庄

▲李德美

焉耆葡萄酒产业真正走上规模化发展，则是在 2009 年被列入政府经济发展规划后，全方位的政府扶持也是由此开始。

这一年，焉耆县委书记主持召开了自治县葡萄基地土地招租方案讨论会，正式成立了葡萄产业园区管理委员会，焉耆还首次承办了中国葡萄酒行业年会。

如今活跃在葡萄酒舞台的诸多焉耆盆地代表酒庄，也都创办于这一时期。

2012 年，河南人纪昌锋带领工人于一片不毛之地中拣出了 3 000 吨的石块，随后在这座"白石山"旁开始了中菲酒庄的万亩葡园征程。

两年前，来自北京的陈立忠，遵循着内心对葡萄酒的热爱，创立了天塞酒庄。

同期出现的，还有元森、佰年等一批酒庄。

作为全球十大最具影响力葡萄酒顾问，北京农学院教授李德美正式出任焉耆县政府葡萄酒产业顾问，也是在 2009 年。

虽然过了十多年，李德美仍然记得当年的情景。

"当时焉耆一个分管农业的常委，就住在学校附近的酒店，半开玩笑地说，如果我不去，他就不走了。"李德美被请到焉耆后，在欢迎宴会上当场表了个态，提出要跟请他过来的那个常委，一起到地头拍张照片存档。

"我没有别的可以保证，就把我个人的声誉押在这里。如果做好了是应该的，如果没做好，也就没资格再去别的产区。"

这是 2008 年年底的事，已经过去 10 多年。

焉耆葡萄酒产业也在这 10 多年间快速崛起。目前焉耆盆地拥有 40 家酒庄，占整个新疆的 30%，并且是以高端成品酒为主。

除乡都、天塞、中菲三大规模酒庄之外，芳香庄园、国菲、冠颐、冠龙、轩言、佰年……一大批酒庄在茫茫戈壁间拔地而起。

规模和数量还不是焉耆最值得称道的。

从 2009 年以来，焉耆盆地出产的葡萄酒，在国内外权威葡萄酒赛事上拿到的奖项已经超过 1000 项，占新疆获奖总数的 60% 以上。其中，天塞拥有 300 多个奖项，成为焉耆乃至中国葡萄酒行业的名庄先行者。

有 7 家酒庄通过"中国葡萄酒酒庄酒"商标审核，占整个新疆的 70%。

在新疆乃至于全国葡萄酒产业格局中，焉耆都已是不容忽视的一支力量，甚至被认为是最具潜力的中国葡萄酒产区之一。

冠颐酒庄

和硕县
佰年酒庄

冠龙酒业
国菲酒

芳香庄园

中菲酒庄　天塞酒庄

焉耆回族自治县

轩言酒庄　乡都酒业

博斯腾湖

焉耆盆地部分酒庄示意图

为什么是焉耆？

焉耆盆地之所以快速崛起，首先在于自然条件的独特性。

从气候上看，中国几乎全境都处于大陆性季风气候，显著特征是雨热同季。在 7 ~ 9 月葡萄最重要的生长期，如果阴雨过多，就会影响光照。

焉耆盆地远离海洋，是典型的大陆性干旱气候，降雨量小，日照时间长。这不仅能满足葡萄生长期所需要的光照，在成熟期也能实现 15℃ 的昼夜温差，对于酿酒葡萄积累风味物质，是一个重要的优势。

同时，焉耆盆地背靠天山，西边有霍拉山，东南方向是中国最大的内陆淡水湖——博斯腾湖，水域面积为 1 646 平方千米，由此形成了一个三面环山、一面临湖的独特区域小气候。

尽管降雨量小，但冰川雪水融化后汇聚成的河流、湖泊和地下水资源，让这里的灌溉条件其实超出很多人的想象。雪水中的氮素含量比同体积的雨水还要高 4 倍，非常有利于作物的生长发育。

中菲酒庄不惜在焉耆移石成山的一个重要原因，就是看中了这里具备打造明星产区的潜力。除了自然条件外，对产业成长空间的看好，更是吸引一批批拓荒者扎根于此的关键。

作为第一个在焉耆种葡萄的人，乡都酒业创始人李瑞琴自然有发言权。

24 年前，当办过砖厂、建过皮毛厂、做过边贸生意的李瑞琴，决定带着家人，从葡萄酒氛围浓郁的烟台回到焉耆七个星镇开荒时，除了坚信这片戈壁滩上能种出好葡萄，也预见到了葡萄酒在这里的广阔前景。

"从前新疆的农产品是'一等原料、二等加工、三等价格'，农产品的品质很好，但极少有人会去考虑怎样开发这些优质农产品的附加值。"李瑞琴一直在想，有没有一种农产品可以直接地嫁接新疆的优势，又能产生高端的国际化商品？

最终她选择了种葡萄来酿酒。

▼ 博斯腾湖

▲李瑞琴

李瑞琴至今仍记得，在开荒第一年资金紧张时，是当时的县委书记筹集资金帮她采购到了第一批优质葡萄苗，从而解了燃眉之急。

在乡都酒业之后，越来越多的酒庄进驻这里，焉耆盆地也由此成为一片新兴的热土。

12年前，当天塞酒庄庄主陈立忠决定将酒庄建在焉耆时，已经对周围考察了两三年。

最终促使她投身于此的，除了当地政府对葡萄酒产业的深度规划外，也源于她对葡萄酒产业的判断。

在陈立忠看来，中国凡是有葡萄酒产业的地方，除了山东外，基本上都处于经济相对落后的地区，且以西部为主。发展葡萄酒，既能实现农民增收和地方经济发展，对

◀ 陈立忠

西部地区的生态涵养也有帮助。她认为，葡萄酒产业应该备受关注。

在焉耆，自古就有种葡萄的历史，近些年葡萄酒也成为当地支柱性的"三红产业"之一，而葡萄种植对当地生态也确实起到了改善的作用。也就是说，焉耆葡萄酒产业是将绿色、特色和优势结合在了一起。

2020 年 6 月 9 日，高层在走访宁夏产区的同一天，也来到了天山脚下的天塞酒庄。这让陈立忠更加确信自己的判断，并在这片土地上坚定地开启了天塞酒庄新 10 年的二期建设。

昔日黄沙掩面的荒滩戈壁，也因为不断有像这样躬身入局的创始人企业家，而成长为今日的焉耆。

从中国的焉耆，
到世界的焉耆

位于天山脚下的天塞葡萄园，无论从哪个角度望过去，都有一种整齐的美感。这种美感一方面来自平整的土地，另一方面则缘于精细化的管理。

在天塞酒庄，时常能听到各种落实到具体数字的技术指标。据说天塞的每一颗葡萄都拥有自己的坐标，而精细化的管理，带来的是品质的稳定和成本的可控。

在天塞的葡萄园中，很少出现缺苗的情况。即便是种植了 11 年的葡萄藤，依然非常健康。这在地薄人稀、冬季严寒的西北，也无异于一片绿洲，让人们敢于对这片土地投入更多的耐心。

与国内其他产区相比，焉耆最大的优势和劣势，或许都在于"大"。

前文说过，焉耆所在的巴州作为"华夏第一州"，拥有 48 万平

方千米的面积，然而人口只有128万人（截至2018年年末的数据），还不如内地一个县城的人口多，大量的土地为无人区。

如果退回到几十年前，在这种地广人稀、以荒滩居多的土地上耕种，几乎是不可想象的。

然而，今天由于机械的运用和水电条件的改善，过去不能耕种的大片荒滩反而成为焉耆产区未来发展的机遇。

事实上，从改革开放以来，我国葡萄酒产业便呈现出由东向西的转移趋势，而新增的这些葡萄园，几乎都是传统农业所不能利用的戈壁荒滩。

背后的深意在于，葡萄酒作为我国白、黄、啤、葡四大酒种中唯一既不消耗粮食，也不跟粮食种植抢占耕地的酒种，其发展对我国粮食供应、土地利用乃至于生态治理都具有重大的战略意义。

相较而言，如果在山东或河北投资建一个酒庄，首先面对的就是土地来源的难题。包括在云南，由LVMH投资建立的敖云酒庄，旗下300亩葡萄园甚至被分割成了360块，分别要跟几十户农民签合同，未来还可能面临合约到期后的续约问题。

在焉耆盆地，则不存在这些问题。只要企业家想投身这片热土，无论是2000亩还是5000亩，都有充足的土地可以提供，并且还是整齐划一的连片土地。

同时，在我国东部产区，由于有更多的投资选择，葡萄酒在当地经济中往往很难得到足够的重视；而在西部地区，恰恰因为前期经济不够发达，反而给葡萄酒产业带来了机会。

如今，葡萄酒产业在宁夏已经被列入九大特色重点产业之一，在新疆也被列入"十四五"期间重点发展的十大产业之一。这足以说明，焉耆产区前期的迅速成长其实是一种必然，未来也仍将拥有广阔的空间。

根据新疆葡萄酒产业"十四五"发展规划，焉耆盆地未来的发展方

◀巴州的棉田已经实现了"智慧农业"

▲焉耆县葡萄产业园

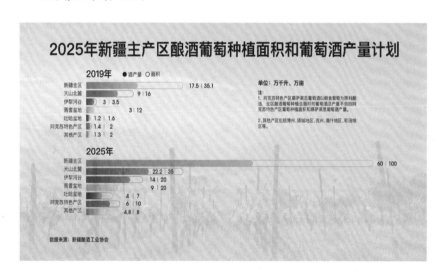

向是突出高端化和个性化，成为丝绸之路经济带上的优质、高端葡萄酒核心产区。

对焉耆而言，这是褪去青涩日渐成熟后，与世界共舞的一个新征程。

关于焉耆的成长，还有一个证明：仅仅数年前，很多人甚至连"焉耆"这两个字也不大能叫得出，如今焉耆已经成为中国最具潜力的葡萄酒产区之一。

据悉，由英国著名酒评家杰西斯·罗宾逊编撰、被全球葡萄酒人奉为"圣经"的《世界葡萄酒地图》新版中，焉耆产区也被收录其中。

全国最大酿酒遗址在哪儿?
你一定想不到

　　最开始进场的时候，作为领队的陈超是不乐观的。因为发掘现场是棚户区改造，尽管挖掘机、铲车等大型机械已经退场，但"已经破坏得很严重了"。伴随着更多遗迹的出土，陈超从最初的不乐观，变成每天都在期待新的发现。

▲陈超（中）

5月26日，合肥的雨从早晨就下个不停。当陈超斜挎着一个黑包走进包间时，全身都几乎湿透了。

陈超是安徽省文物考古研究所副研究员，刚从淮北一个金元时期墓群考古现场回来，原本计划在家休息两天。

之前和他一直是微信联系，趁这次到合肥出差，我们希望能见上一面，聊聊他曾经带队"挖"了一年多的酿酒遗址。

据公开消息称，这个位于淮北濉溪的遗址，是迄今发现全国最大，也是已发掘面积最大的明清酿酒作坊群。

让人好奇的是，为什么在一个少有人知的濉溪小城，会存在这么大的一个明清酿酒遗址？

发现72家老作坊

"我们考古的，最不喜欢的就是下雨天。"

陈超说："下雨会耽误工期，影响后续的挖掘工作。不过，有时候雨也会帮助我们把埋在地下的历史给冲洗出来。"2018年9月25日，在安徽淮北濉溪县长丰街北侧，一处棚户区改造工程施工中挖出了一些青砖和碎瓦当，引起了当地文物局关注。对着挖出的这片遗迹，大家越看越不对劲，"像一个个窖池，而且发掘范围越来越大"。

次年3月，经国家文物局批准，安徽省文物考古研究所组织考古队，对这片遗址进行抢救性发掘。

其实最开始进场的时候，作为领队的陈超是不乐观的。因为发掘现场是棚户区改造，尽管挖掘机、铲车等大型机械已经退场，但"已经破坏得很严重了"。

陈超的预判是，遗址保护不好，可能清理出来的情况不理想。

没想到的是，随着发掘工作的推进，当初那一小片遗址周围，逐渐清理出4个灶锅、1个储水池、1处制曲房、2处晾堂、40多处发酵池，还有5口水井、10多条排水沟、20多处房址、百余个灰坑，还出土了酒坛、酒杯、酒瓶等700多件。

看到这些出土的遗迹，几乎能自动"脑补"出一个场景：从制曲、破碎、搅拌、蒸煮，到摊凉、加曲、发酵，然后蒸馏、出酒……

"酿酒的窖池和灶锅是我们考古比较关注的，是与酿酒关联密切的遗存。"伴随着更多遗迹的出土，陈超从最初的不乐观，变成每天都在期待新的发现。同时，为了印证这些考古遗迹，陈超又对濉溪的历史进行了调研。他发现早在明清时期，濉溪就有 10 多家酒坊。到清代晚期至民国时期，已经发展到 72 家，主要沿县城两条东西向主干道分布，如今这条干道上的古建筑依然存在。

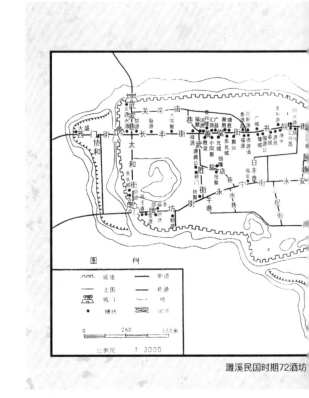

濉溪民国时期72酒坊

目前已发掘到的遗址正是位于长丰街上的 3 个酒坊，分别为魁源、大同聚和祥源。其中保存最为完整的魁源坊，时间跨度为清代中期到民国时期。

在长丰街对面相距不过 1 000 米，就是昔日 72 家酒坊之一的小同聚酒坊，也是今天口子酒业的前身，至今仍在酿酒。

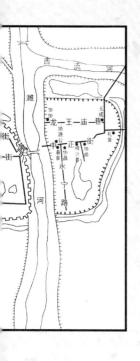

▲ 濉溪 72 家酒坊分布

陈超表示，从已发掘的酿酒工艺遗存来看，像这么完备的蒸馏酒制作生产体系在全国也是稀有的。

最让他印象深刻的，则是最初发现酿酒发酵池的"探方"。

在考古领域，会把发掘区域划分为若干相等的正方格，以方格为单位分工挖掘，这些正方格就叫探方。

濉溪酿酒遗址的挖掘是以西南角为基点，10米×10米为一个探方，按照象限法进行编号。如T0201，数字前两位代表从南到北的坐标顺序，后两位为从西到东的坐标顺序。T0201，即从南到北第二排、从西到东第一排的位置。

发酵池被发现的位置，就主要集中在 T0201 和 T0202。

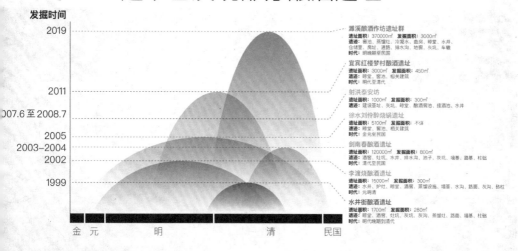

迄今已发现部分酿酒遗址

发掘时间

2019	濉溪酿酒作坊遗址群 遗址面积：370000㎡　发掘面积：3000㎡ 遗迹：窖池、蒸馏灶、冷凝水、曲房、晾堂、水井、仓储室、房址、道路、排水沟、地窖、灰坑、车辙 时代：明晚期至民国
2011	宜宾红楼梦村酿酒遗址 遗址面积：3000㎡　发掘面积：450㎡ 遗迹：晾堂、窖池、相关建筑 时代：明代至清代
2007.6 至 2008.7	射洪泰安坊 遗址面积：1000㎡　发掘面积：300㎡ 遗迹：建设基址、灰坑、晾堂、酿酒窖池、接酒坑、水井
2005	徐水刘伶醉烧锅遗址 遗址面积：5100㎡　发掘面积：不详 遗迹：晾堂、窖池、相关建筑 时代：金元至民国
2003–2004	剑南春酿酒遗址 遗址面积：120000㎡　发掘面积：800㎡ 遗迹：晾堂、灶坑、水井、排水沟、池子、灰坑、墙基、路面、柱础 时代：清代至民国
2002	李渡烧酒遗址 遗址面积：15000㎡　发掘面积：300㎡ 遗迹：水井、护坡、晾堂、酒窖、蒸馏设施、墙基、水沟、路面、灰沟、砖柱 时代：元明清
1999	水井街酒坊遗址 遗址面积：1700㎡　发掘面积：280㎡ 遗迹：晾堂、酒窖、灶坑、灰坑、灰沟、蒸馏灶、路面、墙基、柱础 时代：晚期到清代

金 元　　明　　　　　　清　　　民国

陈超分析说："由人类活动导致的，在不同时期、以不同方式堆积起来的物质形成的不同地层，在遗址内都保存完好，证明了这个地方的酿酒是一直延续的。"

对酿酒遗址来说，这也是最重要的，即"传承有序，没有断层"。

据测算，目前濉溪酿酒遗址已发掘的面积达到 3 000 平方米，而这片由 72 家酿酒作坊组成的遗址群，总面积在 37 万平方米。无论是总面积或已发掘面积，均是迄今为止全国最大的酿酒遗址。

也就是说，在已经发掘出的 3

家酒坊之外，还存在有近 70 家酒坊遗址。

20 千米外还有一处"世遗"

作为考古专家，陈超的职责不仅是发掘，还要在诸多考古遗迹中找出历史的关联。1999 年年初，同样在濉溪县境内的百善镇柳孜村，发现了 8 艘唐代沉船和一座宋代石建筑码头，此外还有大量自唐宋以来的精美瓷器。这在当年曾轰动一时，还成为那一年的"全国十大考古新发现"。

▼ 中国隋唐大运河博物馆

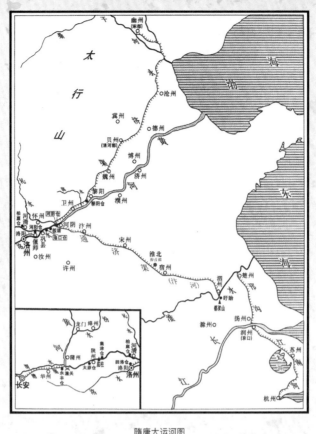

隋唐大运河图

▶ 隋唐大运河线路图

陈超表示，这一发现的最大价值，就是明确了隋唐大运河（通济渠）的具体走向，而同期挖掘出的文物，也让这座小镇昔日的繁华在真实的历史中得到印证。如今在淮北市相山区博物馆路，有一座外形酷似一艘航船的建筑，原是淮北市博物馆。2009年，这个博物馆有了一个新名字：隋唐大运河博物馆。行走其间，你会发现淮北与大运河竟然联系得如此紧密。在中国古代，水运是最经济也最便捷的运输方式。隋唐大运河开凿的意义在于贯通南北，把当时的重要城市如西安、洛阳和扬州连接起来。

放到今天来看，就好比是开通了洛阳到扬州的城际高铁，把当时中国的政治中心和江南的经济中心首尾相连。

位于洛阳和扬州中间的淮北，正是这条"高铁线"上的一个重要支点。

柳孜运河遗址中发现的多艘唐代沉船，以及涵盖磁州窑、定州窑、耀州窑等10多个窑口的大量瓷器，说明柳孜运河码头的往来覆盖面十分广，很可能是货物分流中转的一个大码头。

2012年3月，为了配合中国大运河"申遗"，安徽省对柳孜运河遗址进行二次考古发掘，陈超是现场负责人。

这次发掘出土了7 000多件可复原的遗物，主要是生活用具、武器和漕运设施，此外还有很多与酒相关的陶器、瓷器。

与运河遗址相距不过20千米，就是长丰街酿酒作坊遗址。

如今，柳孜运河遗址作为中国大运河的重要一段，已成功入选世界文化遗产；而同属于濉溪境内的这座酿酒遗址，似乎还留有许多待解的谜题。

▲ 淮北隋唐运河古镇

可能还存在年代更早的遗址

从隋唐大运河博物馆向西南方向 30 多千米，就是柳孜村，343 国道从村里横穿而过。柳孜运河遗址就位于国道旁，被一道 200 米长的白墙包围，门口分列着一对石狮。在遗址门前的空地上，已建起一座遗址广场，广场对面是柳孜运河小学。尽管距离隋唐大运河的繁盛已过去了 1 000 多年，这里依然保留着一些运河烙印。不过，我们仍然有一些疑问：运河沿线的城市与码头不胜枚举，为何单单在通济渠流经的淮北濉溪，后来发现有如此大规模的酿酒遗址？

如今的淮北，是安徽省北部一座以煤炭工业著称的能源城市。我们曾与陈超讨论过淮北这座城市的个性，他提到了"兼容"这个词。

也许是得益于大运河贯通南北，物资的集散和文化的交融都曾在这里汇聚。

加之淮北地处南北交汇的独特位置，使得这座城市衍生出巨大的吸引力，让商业在这里萌芽，文化在这里碰撞，由此塑造出了开放、包容的城市精神。

▲ 隋唐运河古镇里游玩的女

从隋唐直至明代，柳孜一直是商贾云集的大镇。《宿州志》曾记载，明代这里为巨镇，有"庙宇九十九座，井百眼"。

经济繁荣、文化开放，酿酒业自然随之兴起。

明清时期，濉溪酒除了满足本地人消费外，还大量销往外地。明代在淮北生活的任氏家族，其家谱中就有从濉溪贩酒到萧县永固湖的记录。

此外，濉溪本身也有着深厚的酿酒基因。

距离柳孜 16 千米的临涣，是濉溪境内另一个千年古镇。除了同为运河时代的经济重镇外，这里也是"竹林七贤"中嵇康和刘伶的故乡。

一位是魏晋名士的精神领袖，一位是深谙酒神精神的"醉侯"。两位皆出于濉溪，意味着在酒禁大开的魏晋时期，这里很可能已有一定的酿酒规模和浓厚的饮酒之风。

目前在濉溪发现的酿酒遗址，主要为明清至民国时期的留存。这里会不会有更早的酿酒遗址还未被发现？

陈超认为是有可能的，他也希望能在合适的时间，再度进行挖掘研究。

遗址中还发现了酱酒窖池

前文曾提及，在已发掘出3家作坊遗址的长丰街对面，就是今天仍在酿酒的口子酒业的一个分厂。

如今这家酒厂以"浓头酱尾中间清"的复合兼香而闻名。不同于后期调配而成的兼香，口子酒属于自然兼香，也就是在酿造过程中自然形成的兼香口感。

有意思的是，在濉溪酿酒作坊群中也发现了不止一种窖池。

在已发掘出的40多个发酵池中，按形状划分有圆形、长圆形、亚腰形、长方形等，按砌筑材料分有泥池、砖池、砖泥混筑池及缸池，有的窖池底部甚至还存有黄水坑。

陈超分析认为，泥池应该是用于烧制浓香型酒的，纯砖窖池可能是烧制酱香型酒的，还有一种砖泥混筑的窖池，"说明窖池工艺上的不同，所产酒的风味不同"。

来自中国科学技术大学的研究者们，还在遗址的曲池内检测出大麦、小麦、大米、高粱，并发现了近似酱香型大曲的物质。

此外，制曲房内还检测出芦苇和高粱，推测可能是用于制作和存放清香型大曲。

在窖泥检测中，则发现了芽孢杆菌属、不动杆菌属、假单胞菌属、链霉菌属等在现代酿酒过程中可见的细菌。

由此来看，濉溪产不同香型的酒或许古已有之。尽管那个时候，

传统的酿酒人多半并不知道何为兼香，但已经孕育出了"自然兼香"。

"这个遗址的发现，找到了口子酒的根。"作为土生土长的淮北人，口子酒业股份有限公司党委书记、副总经理徐钦祥熟悉这里的一草一木。

如今，他更加确信，淮北濉溪就是一

▲徐钦祥

▲口子窖的菊花红心曲

在遗址里都能找到相对应的布局。

"在遗址那儿转一圈，我脑海里就会浮现出每个流程对应的画面，尤其是那个双锅蒸馏灶，行业内绝对是独家。"

"对酿酒企业来说，不断代就是最大的财富。"徐钦祥说。

由于酿酒技艺未曾断代，在安徽省文物局、省文物考古研究所召开的专家论证会上，濉溪长丰街明清酿酒作坊群遗址也被认定为"时代序列比较清楚，传承有序，从明代晚期一直到近现代仍有延续发展"。

不过，陈超认为，目前已发掘出的酿酒作坊只是72家中的3家，未来还有继续发掘的巨大空间和价值。也许，随着酿酒遗址的进一步发掘，还会有更多的谜题被揭开。

个因酒而起，也以酒为生的地方。

作为中国白酒标准化委员会兼香型白酒分技术委员会委员，徐钦祥从1990年进厂以来，就一直与酿酒技术打交道。他说，本地酿酒人熟知的"续糟混蒸老五甑"手法，

全国 40% 的酒坛，出自四川这个小镇

"我们对全国前十酒厂的产量很清楚，能算出需要多少酒坛，下一个低谷期就要来了。"

随着这一轮扩产完毕，白酒行业对陶坛的需求量势必会下降，大家对低谷期一定会到来这个事，其实心知肚明。

只是在这之前，烧陶的土窑依然会满负荷运转。即使低谷期到来，市场也还会有一定需求，到时面对紧缩的需求量，只能各凭本事。

夏日午后，眼看暴雨将至。中坛陶瓷公司（以下简称中坛陶瓷）的场院里，三辆大货车正在加紧装货，准备连夜把一批陶坛送往茅台镇。

负责装车的司机，都是这条运输线上来回跑了数年甚至一二十年的老师傅，但问及这批陶坛具体去向，他们都只回答"我刚来的，不了解"。

如果刨根问底，脾气好的司机会晦暗不明地告诉你一句："茅台镇上的小酒厂。"在这里，每批货的流向都算是商业机密——尤其当买主是大酒厂时。

▲铁厂镇

土陶小镇

中坛陶瓷位于四川省自贡市荣县,这里是"中国(西部)陶都"。每年全国大小酒厂所用的储酒陶坛,有 40% 左右产自这里。这意味着,近半个中国白酒行业,都被装在荣县的坛子里。

这 40%,又几乎都集中于荣县铁厂镇——如今已迁往高山镇的中坛陶瓷,它是少数从铁厂镇外迁的陶厂之一。这是当地土陶产业发展、成熟和竞争的结果。

从名字也能猜出,铁厂镇是产过铁的。这里的煤、铁、陶土矿资源都很丰富,也是荣县最早开发矿冶的地方。镇上的曹家坪村,有一处西汉时期的冶铁遗址,当地人称"铁炉嘴",铁厂之名就是由此而来。

不过,在铁厂镇的历史长河里,烧陶比冶铁扮演了更重要的角色。如今这里也是家家户户依赖土陶为生,至少有 80% 的人从事陶业。

铁厂镇不大，拢共只有两条街，几分钟便能从头走到尾。临街的店铺，门口都有几只陶坛，种着花卉绿植，据说是政府发给大家的。两条街的交界处，矗立着两个巨大的陶坛，坛体刻着"土陶之乡"四个大字。"土陶之乡"的土陶制作技术始于秦汉，到宋代趋于鼎盛。彼时西南所用之陶，皆出于此。

在铁厂镇，沿途很少能看到田地庄稼，陶厂却鳞次栉比，大大小小的坛子整齐排列在路旁。

二十世纪五六十年代及以前，铁厂人都是挑着坛子沿山路走出去，最远能到成都，沿街叫卖，换来针、线、毛线等日用品。再挑着这些轻巧货物到自贡、内江、乐山一带，卖给供销社一类的店铺，一趟下来要一周左右。

不愿走远路的，就挑着坛子到附近其他乡镇，换些大米、玉米、麦子、胡豆等粮食。铁厂镇上的村民，历来没有多少种粮食的，大都靠着坛坛罐罐过活。原因无他，就因为这里的陶土质量好，做陶坛总比种庄稼来得轻松。这种陶土摸起来手感细腻如面粉，当地人称之为高岭土。

实际上，高岭土是因景德镇高岭村而得名，其色洁白，与偏棕灰色的荣县陶土并不一样。至于后者为什么也叫高岭土，可能因为其中含有高岭石成分，或许也有荣县土与景德镇土质量相当的意思在其中。

除了景德镇，还有一个以陶器出名的地方，便是宜兴。宜兴紫砂的生产与发展依赖于得天独厚的矿物资源条件，但数年前紫砂矿物原料的供给已面临巨大挑战。

荣县陶土随之成为候选的紫砂原料供应地。

有研究表明，荣县陶土具有紫砂陶器应用的工艺性质和条件，可作为一种具有高附加开发利用价值的紫砂矿物资源。言下之意，荣县的陶土只用来做粗陶，实在是有些暴殄天物。

尽管绝大部分铁厂人并不了解这些研究，但他们深信一点：荣县的土就是最好的陶器原料。储量丰富的优质陶土资源，世世代代滋养着铁厂人。

静默的两千年

王天艺是铁厂镇劳武村的"陶二代"，对每家陶厂都熟门熟路。

"这是我舅舅家的，这是老表家的，几乎所有人都沾亲带故，亲戚也大部分在搞这行。"

他径直把我们带到多营陶业，也就是他老表向大春家里。

向家在铁厂镇算比较特殊的存在，因为手艺是"祖传"的。向大春的爷爷向南武是这一行里元老级的人物，其父亲、爷爷、太爷爷，再往上，也都一辈子和泥巴打交道。

1954年，铁厂镇国营五四陶厂成立，整个镇上的制陶工艺基本上都是从这里传出去的。向南武也是在这一年进厂。

◀向南武（左）、向选财（中）、向大春（右）三代制陶人

◀ 五四陶厂老厂房

▼ 多营陶业

▲王天艺在自家的盛艺陶业

"当年五四陶厂曾生产过硫酸罐，工艺达到了能装浓硫酸的程度。"向大春说。那时谁家父母在五四陶厂工作，这家的孩子在路上就能"横着走"。

不过，陶厂的工资并不高。1961年，向南武成为五四陶厂的四级工人，最高是六级，月薪却只有32元。

迫于生计，向南武离厂去了宜宾、观音等地做活，因为这些地方陶工稀缺，一个月最多能拿到100多元。

打拼20多年，向南武逐渐积累起一笔原始资金。恰逢国家政策开放，允许私人办厂，向南武在1987年开办了多营陶业。在此之前，向家祖辈都是给别人做工，直到他这一代，才算是用祖传手艺创了业，一年也有几十万元收入。

王天艺的父亲王盛，也是铁厂镇上从陶工到厂长的典型。这年

51 岁的他，从 13 岁到陶厂学徒算起，已经捏了近 40 年的泥巴。

刚开始学手艺时，王盛也挑过坛子去卖。当年一个高度 10 厘米的小坛子卖价 1 毛 3 分 8，品相次一点儿的卖 7 分。现在同样规格的坛子，卖价涨到了 5 元，30 多年间翻了三四十倍。

20 世纪 90 年代中期，已经出师的王盛，决定跟人合伙拱窑办厂。自己拉砖盖起了土窑，却没钱买设备。又去新疆打了半年工，攒了不到 2 000 块回铁厂，办起了王盛陶厂（盛艺陶业前身）。

镇上的第一批陶厂，基本上都是这样办起来的。

如果从秦汉时期算起，过去 2 000 多年，铁厂镇基本上都处于静默的、缓慢的手工业时代。五四陶厂的开办算是一次跨步，但铁厂镇真正开始工业化发展，至今不过 10 年时间。

一朝蜕变

2010—2012 年，是铁厂镇制陶业的第一个发展高峰。这段时期的兴旺，功劳要直接归于距离铁厂镇 100 多千米外的内江隆昌。

同属于中国酒坛主产地，隆昌的土陶产业发展要早于荣县不少。据说隆昌的石桥陶厂已经和茅台合作了 20 余年。茅台所用的千斤坛，都由这家陶厂生产，自然也带动茅台镇其他酒厂都使用隆昌陶坛。

2010 年，白酒行业正处于蓬勃发展的黄金十年，隆昌陶坛需求量陡增，产能难以满足市场需求，隆昌的陶厂便来到铁厂镇寻求合作。也就是说，铁厂镇最早大批量向酒厂供货，是作为隆昌的"大后方"开始的。

按王天艺的说法，"那会儿大家都是发了财的"。这也是铁厂镇陶厂数量激增的一段时期。

吨坛也在这时候出现。此前铁厂镇生产的酒坛均以中小规格为主，千斤坛也不算多。后来吨坛成为铁厂镇的特色产品，比如五粮液这样的大酒厂，就采购吨坛居多。

2013 年对铁厂镇来说，是一个巨大的分水岭。在此之前，铁厂镇上的陶厂多是以家庭为单位，并且基本上处于自由生长状态。

王盛当年从新疆赚钱回来拱的窑，是烧煤炭的倒焰窑，彼时铁厂镇上用的都是这种传统窑。烧过的煤炭和破损的坛罐废料日积月累在河边堆积如山，甚至有的路面也是由煤炭渣废料铺就的。

落后的技术和环境污染，在很大程度上制约了铁厂镇陶业的发展。

2013 年铁厂镇进行了一场环保大整治，38 家烧传统窑的小陶厂一夜间关停，最后重组为 9 家土陶公司。当时，王盛陶厂就和其他几家陶厂一起组成了荣县青白陶业有限公司。

随后启动大规模技术改革，倒焰窑被更加现代化的天然气隧道窑（也称辊道窑）和梭式窑替代，传统手工制作进一步向现代化生产靠拢。

这场改革，叫停了传统窑，也叫停了当时快速发展的铁厂镇陶业。

真正致命的打击并不是这次动荡，而是白酒行业从 2013 年开始的断崖式下滑，这让铁厂镇在后来的几年里都喘不过气来。

王天艺 2015 年退伍带回来的 1 万多元退伍费都给了王盛发工钱，但也只是杯水车薪。

不过也是在这段时间，铁厂镇陶业逐渐脱离原始形态，不只是经营模式、工艺技术，更是认知上的。

从那场改革起，每家陶厂都要把自己的产品送到成都去检测。摸了一辈子泥巴的制陶人，才终于明白这泥巴好在哪里。即便是没读过

书的，也能大致说出来陶土中含有的硒、铁、锌、钙等元素，并将陶坛储酒的妙处说得头头是道。

被重塑的格局

2017 年之后，随着白酒行业逐渐复苏，铁厂镇也再度兴旺起来；但这一轮高峰期，除了比规模、比产能外，更重要的是比技术，特别是在面对大酒厂的订单时。

中坛陶瓷就是在这样的竞争中，决定外迁出铁厂镇的。

2019 年，王盛和几个合伙人

一起成立了中坛陶瓷，公司所在地却搬到了 20 千米外的高山镇。

"我们现在所用的技术，是目前行业里最先进的，外行看不出门道，但内行一看就明白。厂子挨着，同行要来看一下，不可能不让人家看。"站在中坛陶瓷一眼望不到头的厂房里，王天艺说。

由于中坛陶瓷的创始团队中，既有王盛这样的制陶老手，也有在模具制作、天然气资源或销售方面有所专长者，几乎囊括了整个土陶产业链，因此近年来发展迅猛。虽然成立才 2 年，年产值已经超过

2 000 万元。

不同于早期陶厂一般兼营多个品种，新成立的陶厂往往都是直奔着需求量最大的酒坛而去的。

目前中坛陶瓷一年可生产吨坛 4 万多个，几乎都是供给五粮液。据王天艺说，在与五粮液新签的订单里，对方要求在 16 个月内提供39 000 个吨坛。现在除了节假日，几乎每天都会有两三辆满载吨坛的货车，从中坛陶瓷一路驶进五粮液的大门。

仁怀市政府全资持有的仁怀市酱香型白酒产业发展投资有限责

▲ 中坛陶瓷

任公司（以下简称仁怀酒投）也是中坛陶瓷的大客户之一，"近期两次中标量加起来大约在 8 000 个"。

其余客户虽未明言，但王天艺表示，"我们算得上荣县产量前几了，几乎全国各省都有酒厂在用我们的酒坛"。

土陶产业有利可图，自然有其他领域的人闻风而来。

铁厂镇上规模最大的顺发陶业，其控股股东范健康，还经营着顺发天然气和双古民用天然气，而天然气是烧窑制陶不可或缺的燃料。

相较于多营陶业这类老厂，多少还带着几分原始味道，顺发陶业是真正的现代化陶厂。

从 2019 年到 2020 年，顺发陶业已经投入数千万元推进产品换代和生产换线。目前顺发陶业还开发出了一片山头，正在如火如荼地扩建标准化厂房。

在顺发陶业之外，明峰陶业是铁厂镇上的第二大陶厂，年产值在 4 000 万元以上，也是五粮液重要的供应商。

由于顺发、明峰、中坛这类

▶ 明峰陶业

大型陶厂均已实现了以机械为主、人工为辅的模具化生产，生产速度远超其他小厂。随着这两年需求量激增，铁厂镇上也出现了小厂向大厂供货、大厂向酒厂供货的情况，一如当年铁厂镇向隆昌供货。

一个厂向另一个厂供货，有一个不明言的规则，就是只管供货，不问货的去处。

2019 年铁厂镇土陶产值 4.2 亿元。据王天艺估算，现在至少有 7 亿元左右，比 10 年前高峰期还高出 10 倍。

在整个荣县，2020 年拥有陶厂 33

家，其中规模以上 8 家，总产值超过 10 亿元。

年轻人的新出路

陶厂机械化水平的提升，改变的不只是铁厂镇制陶业的产业格局。对于传统手工业而言，机器的介入，也意味着人力的退出。

在全手工时代，一个成熟陶工需要完成陶坛入窑前的全部工序，正常一天只能做 2 个千斤坛。

▲ 修坯

如今从原料到出窑，被细分为压坯、拼接、烘干、修坯、上釉、烧制、贴花等 10 多道工序，每道工序都有相应的机械或工人。平均下来，一个人工一天可以生产 20 多个千斤坛。

50 多岁的葛有元是中坛陶瓷的压坯工人，当

我们走进厂房时，他正在往模具里装陶泥。机器放下来一压，模具高速运转，人再坐上去施加一点力，用不了几分钟半个陶坛就成型了。

葛有元在另外半个模具里重复同样的动作，最后把两半模具小心翼翼地合作一起，一个千斤坛的雏形就大功告成。

这种两截式的模具是目前最先进的，吨坛采用这种模具也只是近一两年的事。老师傅的手艺，则保留在"修坯"这一环节：要把接口处修得严丝合缝，外观要平整得让人看不出痕迹，"水就是最好的黏合剂"。

判断陶坛的好坏，也在于这些细微之处。每个陶坛出窑后，都要经历严格的检验工序，才会被赋予酒坛的重要使命。首先是看有无破损，第二步是将其注满水，看是否渗漏，称作试水。陶坛运到酒厂后，还要再进行二次试水考验。

酒厂在与陶厂签合同前，还会检测陶坛的吸水率、铅和镉的溶出量，以及原料所含成分等指标。

随着机械化运用的深入，曾被

▲ 盛艺陶业的压坯师傅

老一辈视为重要出路的制陶手艺，也面临传承问题。如今铁厂镇上的陶工，几乎全是四五十岁往上的，看不见年轻人的影子。

"现在求他们学都不学，放不下面子，哪个年轻人喜欢浑身是泥巴？"王盛指着儿子王天艺说。

不过他对此也不是非常担心，毕竟随着机械化技术的发展，以后极有可能实现全机械化。至于这门手艺如何传承，靠这门手艺吃饭的人何去何从，似乎还没人考虑过。

算起来，王天艺也不算正经的"陶二代"，他并未从父亲那儿接过这门手艺，而是以电商的方式从事着这项营生。在淘宝上，他已经开了5个店卖坛子，最近还琢磨着打开拼多多和抖音的销路。

2020年，王天艺的销售额高达980万元。

如今在铁厂镇，有三类人以土陶为生：一类是王盛等办厂的人，一类是葛有元等做工的人，还有一类就是以王天艺为代表的经销

江南大学副校长徐岩表示，陶坛储酒作为目前业界公认的白酒存放最佳方式，其机理主要是有利于酒的氧化还原和其他物理变化。因为陶坛不是完全密封的，这对于后续的氧化过程有益。

同时，陶坛是由土烧制而成的，其中含有的金属离子可以催化酒中物质间的化学反应，有利于老熟反应的进行。

20世纪80年代初，由于白酒产量快速增长，白酒科研界兴起对水泥贮酒池、不锈钢罐、搪瓷罐等大容器替代陶坛储酒的研讨与试验，包括茅台、汾酒、洋河、双沟在内的诸多名酒厂均有参与。

已故白酒泰斗熊子书曾针对大容器贮酒的试验结果表示：采用大容器贮酒，其酒质与陶坛中贮存的同类酒质量基本接近。

如今在白酒行业，以不锈钢罐为代表的大容器和传统陶坛，也是最为普遍的两种储酒容器，其中陶坛因其透气性能好、有助于白酒老熟等特点，始终是存储优质酒的主要选择。

商——尽管镇上只有30多家陶厂，却有近百家经销商，他们是铁厂陶坛走进大小酒厂的主要渠道。

这三类人，共同构成了铁厂土陶人的完整画像。

波动的未来

作为白酒行业运用广泛的储酒容器，陶坛储酒究竟有什么好处？

在一些酒厂，成万吨的基酒也开始用陶坛储存。比如郎酒庄园的天宝峰上，静置着数万个露天陶坛。基酒一生产出来就被注入这些陶坛，待酒质稳定后才转移到大型不锈钢罐中。储存一段时间后，其中的优质酒又会被重新装入陶坛，先进陶坛库，再入藏酒洞。

这些酒，一生中大部分时间都是在这些"会呼吸的陶坛"中度过的。

作为与白酒息息相关的容器，白酒行业的高峰或低谷、酒厂的每次扩产，都在遥遥牵引着这座小镇的兴衰。经历过上一次的低谷，他们已经学会居安思危。

"我们对全国前十酒厂的产量很清楚，能算出需要多少酒坛，下一个低谷期就要来了。"

王天艺表示，随着这一轮扩产完毕，白酒行业对陶坛的需求量势必会下降，大家对低谷期一定会到来这个事，其实心知肚明。

只是在这之前，烧陶的土窑依然会满负荷运转。即使低谷期到来，市场也还会有一定需求，到时面对紧缩的需求量，只能各凭本事。

也有人并不相信会有低谷期，比如向大春。他坚信，只要有酒厂，荣县的陶坛就有市场。即便是国内市场饱和了，荣县陶坛还能走向国外。

据他们说，镇上已经有人把陶坛卖到了法国，用来装葡萄酒，还有出口到俄罗斯装伏特加的。前年，明峰陶业还把 20 个陶坛卖到了韩国。

参考文献

[1] 熊子书.白酒的贮存与老熟 [J].酿酒，1983，4：14-18.

[2] 熊子书.论中国白酒的贮存容器 [J].中国酒，2000，5：12-13.

（由于本书涉及图片较多，如个别图片遗漏未能联系到作者，请作者随时与我们联系。）

致敬这片土地

好酒从哪里来？生态、风土、人文、历史，种种因素聚焦在一个最佳结合点，方才成就一瓶好酒。好酒的诞生和传续是一个概率极小的事件，可能只要万分之一的条件偏差，一瓶好酒便不复存在了。

在本质上，好酒是土地的恩赐。

一粒种子的迁徙、远征，终于找到最适宜的土壤；神秘的微生物附着于窖泥上，经过数百年繁衍，形成了自己的微观王国；人们在土地上耕耘劳作，生活和劳动的智慧代代相承，发现并掌握了酿造好酒的技艺。

当我们用科学视角去研究一瓶好酒，看到的，是它与土地的基因联系；当我们用人文视角去对话一瓶好酒，听到的，是它与土地的深情呼应。

有感于此，《好酒地理》以"科学与人文"的视角，关注和记录酒业，用这样的文字和思考，向我们脚下这片土地致敬。

这是一种新的表达，将酒的内涵与价值以新形式呈现出来。这样的表达方式可能更适合人们现在的阅读喜好，获得知识，真切生动，更容易为人们记忆和传播。

这也代表着酒业与公众之间的新型关系，用科学、坦诚而简单的方式面对公众，让酒业的生态、品质、技艺价值被更多人接受和认同；用人文、共情的方式与公众交流，让酒业的美好内涵与人们感情相通，让公众对酒业的友好度越来越高。

我们相信，《好酒地理》要实现的新表达和新关系是有益于酒业的；同时，我们也清楚地认识到，这绝非易事。

这件事，难在创造，《好酒地理》不是对酒业已有内容的加工，而是用之前未有的视角和语言，去发现、讲述那些有趣、有用的酒业事理。

这件事，难在钻研，酿酒是一门极深奥的科学，即便是今天顶尖的科学研究机构，对酒的风味与感知等问题仍莫衷一是，难做定论，用科学视角关注酒业，势必要付出极大的精力和心血。

这件事，难在探寻，酒业地理，幅员辽阔，包罗万象，要找到最前沿、最生动的人物和素材，需要扎根在行业一线，用脚步去丈量农田、车间和实验室，去细致观察这个行业中最普通的人，在这一段段旅程中，总要耐得住寂寞。

所幸，《好酒地理》得良师益友相助。在此，我们要特别感谢北京大学物理学院大气科学系教授钱维宏先生、江南大学副校长徐岩先生、北京大学中文系教授张颐武先生，给予我们关爱和支持，让《好酒地理》的创造、钻研和探寻能够顺利推进。

"好酒地理局"公众号自 2021 年 4 月正式上线以来，得到业界内外好评，诸多友人热烈探讨，让我们从中看到酒业表达与关系创新的一线微光。

酒业源远流长，绵延千百年，从《诗经》中的"既醉以酒，尔肴既将，君子万年，介尔昭明"到"人生得意须尽欢，莫使金樽空对月"，我们很难料想，酒业未来的表达方式和社会角色又将是怎样的，但我们至少可以确信：酒业未来与今天有很大不同，它不是唯一、雷同的，而是多样、精彩的，去往这个目标的道路必是复杂曲折的。

在这条路上，《好酒地理》愿意做尝试者，坚持走下去。

云酒传媒 康龙光

2022 年 6 月